机械行业职业技能鉴定培训教材

工业机器人基础知识

机械工业职业技能鉴定指导中心　组织编写

主　编　刘　敏　王广炎

副主编　钟苏丽　常　锋　周玉海

参　编　袁家领　张友生　孙建军

　　　　王金芳　王　毅　陆　伟

机械工业出版社

本书采用模块化的方式编写，在编写中贯穿"以职业标准为依据，以企业需求为导向，以职业能力为核心"的理念。全书分为八个单元，主要内容包括工业机器人概述、通用基础知识、机械制造工艺、机械传动和气液传动、电气基础知识、工业机器人操作与编程、工业机器人校准与评价、安全文明生产及法律法规等。各单元内容在涵盖职业技能鉴定考核基本要求的基础上，还介绍了实际工作中要求掌握的专业基础知识。

　　本书可作为工业机器人职业技能培训与鉴定考核教材，也可供职业院校工业机器人相关专业师生参考，还可供相关从业人员参加在职培训、就业培训、岗位培训时使用。

图书在版编目（CIP）数据

工业机器人基础知识/刘敏，王广炎主编；机械工业职业技能鉴定指导中心组织编写. —北京：机械工业出版社，2020.7（2025.2重印）

机械行业职业技能鉴定培训教材

ISBN 978-7-111-65933-4

Ⅰ.①工…　Ⅱ.①刘…　②王…　③机…　Ⅲ.①工业机器人-职业技能-鉴定-教材　Ⅳ.①TP242.2

中国版本图书馆 CIP 数据核字（2020）第 110551 号

机械工业出版社（北京市百万庄大街 22 号　邮政编码 100037）
策划编辑：陈玉芝　责任编辑：陈玉芝　王　博
责任校对：张　力　封面设计：马精明
责任印制：刘　媛
涿州市般润文化传播有限公司印刷
2025 年 2 月第 1 版第 4 次印刷
184mm×260mm · 12.25 印张 · 296 千字
标准书号：ISBN 978-7-111-65933-4
定价：39.80 元

电话服务　　　　　　　　　　网络服务
客服电话：010-88361066　　机　工　官　网：www.cmpbook.com
　　　　　010-88379833　　机　工　官　博：weibo.com/cmp1952
　　　　　010-68326294　　金　书　网：www.golden-book.com
封底无防伪标均为盗版　机工教育服务网：www.cmpedu.com

机械行业职业技能鉴定培训教材
编 审 委 员 会
（按姓氏笔画排序）

序

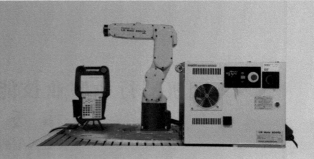

工业机器人被誉为"制造业皇冠顶端的明珠"，是衡量一个国家创新能力和产业竞争力的重要标志，已成为全球新一轮科技和产业革命的重要切入点。机器人作为技术集成度高、应用环境复杂、操作维护专业的高端装备，有着多层次的人才需求。近年来，国内企业和科研机构加大机器人技术研究与本体研制方向的人才引进与培养力度，在硬件基础与技术水平上取得了显著提升，但装配调试、操作维护等应用型人才的培养力度依然有所欠缺。

机械工业职业技能鉴定指导中心经前期广泛调研，于 2015 年组织国内龙头企业率先启动工业机器人新职业技能标准编制工作，并于 2017 年全面完成《工业机器人装调维修工》《工业机器人操作调整工》两项职业技能标准的编制工作。2019 年 T/CMIF 41—2019《工业机器人装调维修工职业评价规范》、T/CMIF 42—2019《工业机器人操作调整工职业评价规范》正式发布。职业技能标准是根据职业活动内容，对从业人员的理论知识和技能要求提出的综合性水平规定，是开展职业教育培训和员工能力水平评价的基本依据。

机械工业职业技能鉴定指导中心组织标准编审专家以职业技能标准为依据编写了这套教材，包括《工业机器人基础知识》《工业机器人装调维修工（中级、高级）》《工业机器人装调维修工（技师、高级技师）》《工业机器人操作调整工（中级、高级）》《工业机器人操作调整工（技师、高级技师）》5 本教材。内容上涵盖了工业机器人装调维修工和工业机器人操作调整工需要掌握的基础理论知识和技能要求；结构上按照中级、高级、技师、高级技师纵向划分，满足不同能力水平培训的需要。这套教材相比其他培训类教材还有以下几个特点。

以职业能力为核心，以职业活动为导向。我们将标准编制的指导思想延续到教材编写过程中，坚持以客观反映工作现场对从业人员的理论和操作技能要求为前提对知识点进行详细介绍。工业机器人装调维修工系列教材对从事工业机器人系统及工业机器人生产线装配、调试、维修、标定和校准等工作的人员应知应会部分进行了阐释，工业机器人操作调整工系列教材对从事工业机器人系统及工业机器人生产线现场安装、编程、操作与控制、调试与维护的人员应知应会部分进行了阐释，内容贴合企业生产实际。

"整体性、规范性、实用性、可操作性、等级性原则"贯穿始终。这五项原则是标准编制的核心原则，在编写教材时也得到了充分运用。在整体性方面，这套教材以我国工业机器人领域从业人员的整体状况和水平为基准，兼顾不同领域或行业间可能存在的差异，突出主流技术；在规范性方面，技术术语和文字符号符合国家最新技术标准；在实用性和可操作性方面，内容深入浅出、循序渐进、重点突出、易于理解；在等级性方面，按照从业人员职业活动范围的宽窄、工作责任的大小、工作难度的高低或技术复杂程度来划分等级，便于读者准确定位。

　　编排合理、内容丰富、可读性强。教材内容编排与职业技能标准内容对应：每一章对应每一等级的职业功能；每一节对应每项工作内容。每章设计有"培训目标"，罗列重点技能要求，便于培训教师设计培训大纲、命制试题，也便于学员确定学习目标、对照自查。但教材内容不拘泥于操作指导，每项技能要求对应的相关知识也都有详细介绍，理实一体，可读性强，既适合企业开展晋级培训使用，也适合职业院校教学使用，同样适合工业机器人领域从业人员或工业机器人爱好者浏览阅读。

　　本套教材若有不足之处，欢迎广大读者提出宝贵意见。

机械行业职业技能鉴定培训教材编审委员会

前　言

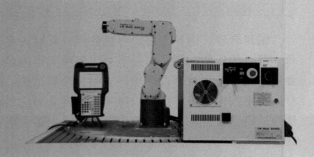

　　本书作为"工业机器人装调维修工"和"工业机器人操作调整工"职业技能鉴定的配套培训教材之一，是为满足工业机器人从业人员对专业基础知识的学习和培训需要而编写的。

　　为了深入实施《中国制造 2025》《机器人产业发展规划（2016—2020 年）》《智能制造发展规划（2016—2020 年）》等强国战略规划，根据《制造业人才发展规划指南》，为实现制造强国的战略目标提供人才保证，机械工业职业技能鉴定指导中心组织国内工业机器人制造企业、应用企业和职业院校历经两年编制了《工业机器人装调维修工》职业技能标准和《工业机器人操作调整工》职业技能标准，并进行了职业技能标准发布，同时启动了相关职业技能培训教材的编写工作。

　　《工业机器人装调维修工》职业技能标准和《工业机器人操作调整工》职业技能标准分为中级、高级、技师、高级技师四个等级，内容涵盖了工业机器人生产与服务中所涉及的工作内容和工作要求，适用于工业机器人系统及工业机器人生产线的装配、调试、维修、标定、操作及应用等技术岗位从业人员的职业技能水平考核与认定。

　　工业机器人职业技能标准的发布，填补了目前我国该产业技能人才培养评价标准的空白，具有重大意义和良好的应用前景。相关标准正在迅速应用到工业机器人行业技能人才培养和职业能力等级评定工作中，对宣传贯彻工业机器人职业技能标准、弘扬工匠精神、助力中国智能制造发挥了重要作用。

　　为了使工业机器人职业技能标准符合实际的行业发展情况，并符合企业岗位要求和从业人员技能水平考核要求，机械工业职业技能鉴定指导中心召集了工业机器人制造企业和集成应用企业、高等院校、科研院所的行业专家参与配套培训教材的编写工作。

　　本书以职业技能标准《工业机器人装调维修工》和职业技能标准《工业机器人操作调整工》为依据，介绍了工业机器人的基础知识，展现了工业机器人职业技能标准在机械工艺、电气控制、装配调试、操作编程、标定校准、安全文明生产等方面的专业基础知识要求。

　　本书的编写得到了多所职业院校、企业及职业技能鉴定单位的支持。编写人员包括合肥欣奕华智能机器有限公司的王广炎博士、王毅工程师、陆伟工程师，烟台职业学院的刘敏教授、钟苏丽副教授，北京现代汽车有限公司的常锋高级工程师，广州铁路职业技术学院的周玉海副教授，菏泽技师学院的袁家领高级讲师、张友生讲师，北京汽车技师学院的孙建军高级实习指导教师，杭州萧山技师学院的王金芳高级实习指导教师。其中，第一单元、第八单元、附录由王毅、王广炎编写，第二单元由陆伟、袁家领、孙建军等编写，第三单元由王金芳、周玉海编写，第四单元由袁家领、张友生编写，第五单元由钟苏丽、刘敏编写，第六单元由常锋编写，第七单元由常锋、刘敏编写。本书由王广炎、刘敏拟定大纲，刘敏、王广炎任主编，钟苏丽、常锋、周玉海任副主编。全书由刘敏统稿。在本书编写过程中还得到汪莉、王莹、程振宁等多位老师和领导的热情帮助和支持，在此一并表示衷心感谢。

　　由于编者水平有限，书中难免有疏漏之处，恳请读者批评指正。主编 E-mail：qliumin@163.com，电话：13806385326。欢迎来函、来电。

编　者

目 录

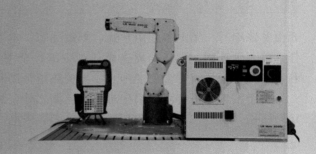

序
前言
第一单元　工业机器人概述 …………………… 1
　学习目标 ……………………………………… 1
　第一节　工业机器人的发展历史及发展
　　　　　趋势 ………………………………… 1
　　一、工业机器人的定义 …………………… 1
　　二、工业机器人的发展历史 ……………… 1
　　三、工业机器人的组成及分类 …………… 3
　　四、工业机器人的发展趋势 ……………… 4
　第二节　工业机器人职业技能标准简介 …… 5
第二单元　通用基础知识 ……………………… 6
　学习目标 ……………………………………… 6
　第一节　机械制图 …………………………… 6
　　一、机械图纸格式 ………………………… 6
　　二、视图 …………………………………… 8
　　三、剖视图、断面图及局部放大图 ……… 9
　　四、零件图 ………………………………… 11
　　五、装配图 ………………………………… 13
　第二节　公差与配合 ………………………… 14
　　一、尺寸公差与配合 ……………………… 14
　　二、几何公差 ……………………………… 17
　　三、表面结构要求 ………………………… 18
　　四、常见结构滚动轴承的公差和配合 …… 19
　第三节　测量与检验 ………………………… 21
　　一、测量的原则 …………………………… 21
　　二、常用的测量工具及使用方法 ………… 21
　　三、几何公差的检验 ……………………… 25
　第四节　金属材料 …………………………… 30
　　一、金属材料的种类 ……………………… 30
　　二、金属材料的力学性能 ………………… 32
　　三、材料力学的任务 ……………………… 33

　第五节　计算机应用基础 …………………… 34
　　一、计算机系统的组成 …………………… 35
　　二、计算机操作系统 Windows ………… 35
　　三、办公自动化软件 Office …………… 36
　　四、专业软件 CAD/CAM ………………… 36
第三单元　机械制造工艺 ……………………… 38
　学习目标 ……………………………………… 38
　第一节　钳工工艺 …………………………… 38
　　一、划线 …………………………………… 38
　　二、锯切 …………………………………… 40
　　三、锉削 …………………………………… 40
　　四、孔加工 ………………………………… 41
　　五、刮削 …………………………………… 44
　　六、研磨与抛光 …………………………… 45
　　七、钳工操作安全知识 …………………… 47
　第二节　热加工工艺 ………………………… 48
　　一、钢的热处理 …………………………… 48
　　二、铸造 …………………………………… 50
　　三、焊接 …………………………………… 51
　　四、锻压 …………………………………… 54
　第三节　机械切削加工 ……………………… 55
　　一、车削 …………………………………… 56
　　二、铣削 …………………………………… 57
　　三、磨削和刨削 …………………………… 58
　第四节　模具制造技术 ……………………… 59
　　一、对模具制造的要求 …………………… 59
　　二、模具制造中的新技术 ………………… 59
　　三、模具制造工艺 ………………………… 60
　　四、模具加工方法 ………………………… 62
第四单元　机械传动和气液传动 ……………… 64
　学习目标 ……………………………………… 64
　第一节　机械传动 …………………………… 64

一、齿轮传动 ………………………… 64
二、带传动 …………………………… 67
三、链传动 …………………………… 68
第二节 气压传动与液压传动 ……… 70
一、气压传动系统 …………………… 70
二、液压传动系统 …………………… 73

第五单元 电气基础知识 ………… 79
学习目标 ……………………………… 79
第一节 电路及常用器材 …………… 79
一、电路的基本概念 ………………… 79
二、电气控制常用元件 ……………… 80
三、变压器 …………………………… 83
四、常用电工仪表 …………………… 84
五、导线与电缆 ……………………… 87
六、电动机 …………………………… 88
七、伺服驱动器 ……………………… 90
八、集成电路 ………………………… 93
九、电气维修及电气安全技术知识 … 96
第二节 电气识图 …………………… 98
一、电气识图的方法和步骤 ………… 98
二、电气原理图 ……………………… 100
三、电气安装接线图 ………………… 102
四、工业机器人图样识读 …………… 103
第三节 PLC基础知识与总线控制系统 … 106
一、PLC基础知识 …………………… 106
二、基于PLC的总线控制系统 ……… 111
第四节 工业机器人电气系统 ……… 115
一、工业机器人系统的构成及工作
　　原理 …………………………… 115
二、工业机器人电气系统的结构及工作
　　原理 …………………………… 116
三、控制柜的硬件组成 ……………… 118
四、工业机器人外部电气接口 ……… 120
五、工业机器人的安全电路 ………… 121
六、工业机器人视觉系统 …………… 122
七、防碰撞装置 ……………………… 124
八、工业机器人应用系统电气集成
　　案例 …………………………… 125
第五节 工业机器人电气安装调试 … 125
一、电气安装基板布置 ……………… 125
二、接线和布线 ……………………… 128
三、锡焊 ……………………………… 133
四、外部元件或设备连接 …………… 136

五、参数整定 ………………………… 138
六、装配故障的检查处理 …………… 139

第六单元 工业机器人操作与编程 … 143
学习目标 ……………………………… 143
第一节 工业机器人操作 …………… 143
一、工业机器人的安全操作规程 …… 143
二、示教器操作 ……………………… 144
三、工业机器人参数设置 …………… 147
四、工业机器人程序相关操作 ……… 148
第二节 工业机器人编程 …………… 149
一、工业机器人程序的主要内容 …… 149
二、工业机器人的动作指令和信号控制
　　指令 …………………………… 149
三、工业机器人的过程控制指令 …… 151
四、工业机器人其他指令 …………… 152

第七单元 工业机器人校准与评价 … 154
学习目标 ……………………………… 154
第一节 工业机器人校准 …………… 154
一、标定的概念 ……………………… 154
二、轴的零位标定 …………………… 156
三、工业机器人机构参数标定 ……… 157
四、工具坐标系的标定 ……………… 159
五、工件坐标系的标定 ……………… 161
六、工业机器人协作设备的标定 …… 162
第二节 工业机器人性能试验 ……… 162
一、工业机器人性能试验的内容 …… 162
二、工业机器人性能试验的方法 …… 166

第八单元 安全文明生产及法律法规 … 170
学习目标 ……………………………… 170
第一节 安全文明生产 ……………… 170
一、安全文明生产要求 ……………… 170
二、安全操作与劳动保护知识 ……… 172
三、环境保护 ………………………… 175
第二节 法律常识 …………………… 175
第三节 质量管理知识 ……………… 176
一、质量管理基础知识 ……………… 176
二、现场质量管理 …………………… 178
三、专业术语及名称解释 …………… 179
附录 工业机器人常用英语词汇 … 180
一、适用范围 ………………………… 180
二、分类 ……………………………… 180
三、中英文词汇 ……………………… 180

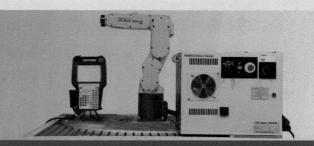

第一单元

工业机器人概述

学习目标

1. 了解工业机器人的发展历史、发展趋势、组成与分类
2. 了解工业机器人的职业技能标准

第一节　工业机器人的发展历史及发展趋势

一、工业机器人的定义

不同国家对工业机器人有着不同的定义。

美国工业机器人协会：工业机器人是一种用于搬运材料、部件、工具或其他特征装置的可重复编程的多功能操作机。

日本工业机器人协会：工业机器人是一种带有存储器件和末端执行器的通用机械，它能够通过自动化的操作代替人类劳动。

国际标准化组织：工业机器人是自动执行工作的机器装置，是靠自身动力和控制能力实现各种功能的一种机器。它可以接受人类指挥，也可以按照预先编排的程序运行，现代的工业机器人还可以根据人工智能技术制订的原则纲领行动。

我国国家标准：工业机器人是一种自动定位控制，可重复编程，多功能、多自由度的操作机，它能搬运材料零件或夹持工具，用以完成各种作业。工业机器人具有独立的控制系统，可以通过编程实现动作程序的变化使机械手智能完成搬运、抓取及上下料工作，一般作为自动机或自动生产线上的附属装置。

可见，工业机器人是一种可编程的具有自动控制操作和移动功能的机器，是人类制造的代替人类从事某种作业的自动化工具。

二、工业机器人的发展历史

一般认为，1961 年 Unimation 公司生产的世界上第一台真正意义上的工业机器人在美国新泽西州的通用汽车公司安装运行，从那时起，工业机器人的发展一直没有停步。在工业机器人 50 多年的发展史中，其运动范围从 2 轴到 6 轴，驱动装置从液压执行机构到电动机，应用领域从汽车工业到其他各行业，从重量级到轻量级，工业机器人的功能和应用领域不断增加。

1. 国外工业机器人发展历史

美国是工业机器人的诞生地，也是工业机器人强国之一，基础雄厚，技术先进，但工业机器人在美国的发展过程却是曲折的。

由于美国政府从 20 世纪 60 年代到 70 年代中叶的十几年期间，只是在几所大学和少数公司开展了一些研究工作，并没有把工业机器人列入重点发展项目，加上当时美国失业率过高，美国政府担心发展工业机器人会造成更多人失业，因此不予投资及组织研制工业机器人。20 世纪 70 年代后期，美国政府和企业界虽有所重视，但在技术路线上仍把重点放在研究工业机器人软件及军事、航天、海洋、核工程等特殊领域的高级工业机器人的开发上，致使日本的工业机器人后来居上，并在工业生产应用及工业机器人制造业上很快超过美国，产品在国际市场上形成了较强的竞争力。进入 20 世纪 80 年代之后，美国政府和企业界才对工业机器人真正重视起来，在政策上也有所体现，一方面鼓励工业界发展和应用工业机器人，另一方面制订计划，增加工业机器人的研究经费，把工业机器人看成美国再次工业化的特征，从而使美国的工业机器人迅速发展。

日本在 20 世纪 60 年代末正处于经济高速发展时期，使得第二次世界大战后原本就紧张的劳动力出现进一步短缺。为此，日本在 1967 年由川崎重工业株式会社从美国 Unimation 公司引进工业机器人及其技术，建立起生产车间，并于 1968 年试制出第一台"尤尼曼特"工业机器人。工业机器人在劳动力严重缺乏的企业里受到了"救世主"般的欢迎。日本政府一方面鼓励发展和推广工业机器人，激发企业家从事工业机器人产业的积极性；另一方面，出资对小企业进行工业机器人应用的专门知识和技术指导。这一系列扶持政策使日本工业机器人产业迅速发展，到 20 世纪 80 年代中期，其工业机器人的产量和安装的台数在国际上跃居首位。按照日本工业机器人协会常务理事的说法，日本工业机器人的发展经过了 20 世纪 60 年代的摇篮期，70 年代的实用期，到 80 年代进入普及提高期。因此，日本把 1980 年定为"产业工业机器人的普及元年"，开始在各个领域内推广使用工业机器人。可以说工业机器人在解决劳动力不足、提高生产率、改进产品质量和降低生产成本方面，发挥了显著作用，成为日本保持经济增长速度和产品竞争能力的重要因素。

德国工业机器人的总数居于世界前列，仅次于日本和美国。德国劳动力短缺，制造技术水平高，具有实现工业机器人应用的有利条件。在 20 世纪 70 年代中后期，德国政府在《改善劳动条件计划》中规定，对于一些有危险、有毒、有害的工作岗位，必须以工业机器人代替普通人的劳动。这个计划为工业机器人的广泛应用创造了条件，并推动了工业机器人技术的发展。德国提出了要向高级的、有感觉的智能型工业机器人转移的目标。其智能工业机器人的研究和应用方面在世界范围内处于公认的领先地位。

2. 中国工业机器人发展历史

中国工业机器人发展起步于 20 世纪 70 年代初期，经历了 70 年代的萌芽期、80 年代的开发期和 90 年代的实用化期。20 世纪 80 年代，在高新技术浪潮的冲击下，随着改革开放的不断深入，我国工业机器人技术的开发与研究得到政府的重视与支持。"七五"期间，国家投入资金对工业机器人及其零部件进行攻关，完成了示教式工业机器人成套技术的开发，研制出喷涂、点焊、弧焊和搬运工业机器人。1986 年，《国家高技术研究发展计划》（863 计划）开始实施，跟踪世界工业机器人技术的前沿，研制出一批特种工业机器人。20 世纪 90 年代，在我国新一轮的经济体制改革和技术进步热潮中，工业机器人发展又在实践中迈进一大步，目前我国已生产出工业机器人关键部件，掌握了工业机器人设计、制造技术、点焊、弧焊、装配、喷涂、切割、搬运、包装和码垛等各种用途的工业机器人自动生产线与周边配套设备的开发和制备技术等，形成一批工业机器人产业化基地。伴随我国经济的高速增长，以汽车等行业需求为牵引，我国对工业机器人的需求量急剧增加，已成为全球第一大工业机器人市场。

三、工业机器人的组成及分类

1. 工业机器人的组成

工业机器人一般由执行机构、动力装置、控制系统和传感系统等部分组成，如图 1-1 所示。

执行机构又称作操作机，由末端执行器、手腕、手臂和机座组成，其功能与人的手臂相似。

动力装置为执行机构工作提供动力，按所采用的动力源分为电动、液动和气动三种类型。其执行元件（伺服电动机、液压缸或气缸）可以与执行机构直接相连，也可以通过齿轮、链条和减速器等与执行机构连接。

控制系统分为开环控制系统、半闭环控制系统及全闭环控制系统，其功能是控制工业机器人按要求动作。

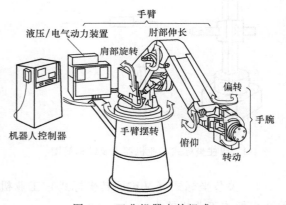

图 1-1 工业机器人的组成

工业机器人的准确动作取决于其对自身状态、操作对象及作业环境的准确认识，这主要依赖于传感器及传感系统。

2. 工业机器人的分类

工业机器人常见分类有以下几种：

（1）按控制方式 可分为点位控制（PTP 控制）和连续轨迹控制（CP 控制）工业机器人。

1）PTP 控制。只控制工业机器人末端执行器目标点的位置和姿态，而对从空间的一点到另一点的轨迹不进行严格控制。该种控制方式简单，适用于上下料、点焊、卸运等作业。

2）CP 控制。不仅要控制目标点的位置，而且还要对运动轨迹进行控制。由于对工业机器人的整个运动都要进行控制，因此比较复杂。CP 控制工业机器人常用于弧焊、喷漆等作业中。

（2）按驱动方式 可分为电力驱动、液压驱动和气压驱动工业机器人。

（3）按坐标形式（机械结构） 可分为直角坐标式、圆柱坐标式、极坐标式和关节坐标式工业机器人。

1）直角坐标式工业机器人末端执行器（手部）空间位置的改变是通过沿着三个相互垂直的直角坐标轴（右手定则）X、Y、Z 的移动来实现的，即沿 X 轴的纵向移动，沿 Y 轴的横向移动和沿 Z 轴的升降，如图 1-2 所示。

2）圆柱坐标式工业机器人末端执行器空间位置的改变是由两个移动坐标和一个旋转坐标实现的，如图 1-3 所示。

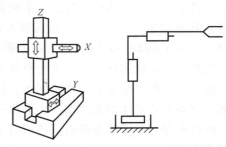

图 1-2　直角坐标式工业机器人及结构简图

3）极坐标式（又称球坐标式）工业机器人手臂的运动由一个直线运动和两个转动组成，即沿 X 轴的伸缩，绕 Y 轴的俯仰和绕 Z 轴的回转，如图 1-4 所示。

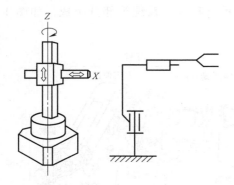

图 1-3　圆柱坐标式工业机器人及结构简图

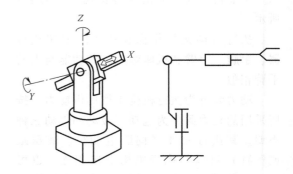

图 1-4　极坐标式工业机器人及结构简图

4）关节坐标式（又称回转坐标式）工业机器人，分为垂直关节坐标式和平面（水平）关节坐标式工业机器人。

① 垂直关节坐标式工业机器人如图 1-5 所示，由立柱和大小臂组成，立臂与大臂通过臂关节连接，立柱绕 Z 轴旋转，形成腰关节，大臂与小臂形成肘关节，可使大臂做回转和俯仰，小臂做俯仰。

② 平面关节坐标式工业机器人如图 1-6 所示，其采用两个回转关节控制前后、左右运动，采用一个移动关节控制上下运动。

四、工业机器人的发展趋势

在"工业 4.0"与"中国制造 2025"的环境下，工业机器人无论从技术还是从需求方面来讲，都在迈入新纪元。工业机器人有着如下发展趋势：

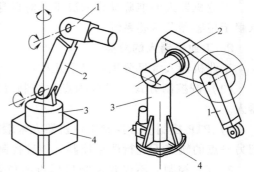

图 1-5　垂直关节坐标式工业机器人
1—小臂　2—大臂　3—立柱　4—机座

1）工业机器人性能不断提高，高速度、高精度、高可靠性，单机价格不断下降，并由注重工业机器人单机开发扩展到成套开发工业机器人应用系统。

2）操作机结构优化设计技术，机械结构向模块化、可重构化发展。例如关节模块中的伺服电动机、减速器、检测系统三位一体化，由关节模块、连杆模块用重组方式构造工业机器人整机。已有模块化装配工业机器人产品问世。

3）控制系统向基于计算机的开放型控制器方向发展，便于标准化、网络化，器件集成度提高，控制柜体积减小，采用模块化结构，系统的可靠性、易操作性和可维修性大大提高。

4）多传感器融合配置技术，在非线性、非平稳、非正态分布的情形下的多传感器融合技术是提高工业机器人智能和适应性的关键。除位置、速度、加速度等传感器外，装配、焊接工业机器人应用视觉、力觉等传感器，遥控工业机器人采用视觉、声觉、力觉、触觉等多传感器的融合技术进行环境建模及决策控制。基于多传感器融合的人工智能技术为工业机器人提供更强的自主判断、决策、优化能力，将大幅提高工业机器人的综合性能。

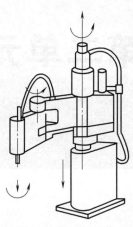

图1-6 平面关节坐标式工业机器人

5）虚拟现实技术，在工业机器人中的作用从仿真、预演发展到用于过程控制。基于多传感器、多媒体和虚拟现实以及临场感应技术，实现工业机器人的虚拟遥控操作和人机交互，如使遥控工业机器人操作者置身于远端来操作作业环境中的工业机器人。

第二节　工业机器人职业技能标准简介

为了深入实施《中国制造2025》《机器人产业发展规划（2016—2020年）》《智能制造发展规划（2016—2020年）》等强国战略规划，根据《制造业人才发展规划指南》，为实现制造强国的战略目标提供人才保证，机械工业职业技能鉴定指导中心组织国内工业机器人制造企业、应用企业和职业院校历经两年编制了《工业机器人装调维修工》职业技能标准和《工业机器人操作调整工》职业技能标准，并进行了职业技能标准发布，同时启动了相关职业技能培训教材编写工作。

为了使工业机器人职业技能标准符合现实的行业发展情况并得到推广应用，使职业技能标准符合企业岗位要求和从业人员技能水平考核要求，职业技能标准组织编写单位召集了工业机器人制造企业和集成应用企业、高等院校、科研院所的行业专家参与职业技能标准的制订。

《工业机器人装调维修工》职业技能标准和《工业机器人操作调整工》职业技能标准分为中级、高级、技师、高级技师四个等级，内容涵盖了工业机器人生产与服务中涉及的各方面的工作内容和工作要求，适用于工业机器人系统及工业机器人生产线的装配、调试、维修、标定、校准、操作及应用等技术岗位从业人员的职业技能水平考核与认定。

工业机器人职业技能标准的发布，填补了目前我国该产业技能人才培养评价标准的空白，具有重大意义和应用前景。相关标准正在迅速应用到工业机器人行业技能人才培养和职业能力等级评定工作中，对宣传贯彻工业机器人职业技能标准，弘扬工匠精神，助力中国智能制造发挥了重要作用。

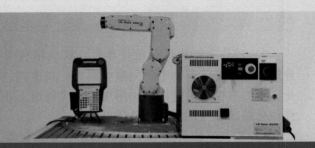

第二单元

通用基础知识

学习目标

1. 能够识读机械零件图和装配图；能够绘制机械零件图（技师级别要求）
2. 能够识读和标注极限与配合、几何公差，掌握零部件装配知识
3. 掌握常用仪器、仪表使用方法，具备测量中等复杂零件的能力
4. 了解常见金属材料的应用特点，能够正确选材
5. 了解计算机组成原理，掌握计算机系统的操作和专业软件的应用
6. 具备查阅工程手册，合理选用参数的能力

第一节 机 械 制 图

在实际生产中，为满足描述各种不同结构形状的零部件的需要，国家标准《技术制图》和《机械制图》中的"图样画法"中规定了图样的各种画法，如视图、剖视图、断面图、局部放大图和简化画法等。掌握这些图样画法，就能根据不同物体的形状和结构特点，正确表达物体，从而具备阅读和绘制机械图样的能力。

一、机械图纸格式

1. 图纸的幅面和格式

图纸幅面有 A0、A1、A2、A3、A4 等图号规格，各图号幅面大小按约 1/2 的关系递减。

图纸上需用粗实线画出图框，应有标题栏，标题栏位于图框的右下角。装配图中还应有明细栏，明细栏位于标题栏的上方。

2. 图样的字体和绘图比例

图样中的汉字用长仿宋体书写。字体的号数，即字体的高度有 20mm、14mm、10mm、7mm、5mm、3.5mm、2.5mm 和 1.8mm 八种。对于用作角标、分数等的数字及字母，通常采用小一号字体。

绘图时所采用的比例为图形的线性尺寸与零件实际尺寸之比，图样不论放大或缩小，图样上标注的尺寸均为零件的实际尺寸。

3．图线种类及画法

绘图图线的名称、型式、代号、宽度以及应用见表 2-1。同一图样中，同类图线的型式、规格应一致。

表 2-1　图线的名称、型式、代号、宽度以及应用

图线名称	图线型式	图线代号	图线宽度	一般应用
粗实线	——————————	A	d	1. 可见轮廓线 2. 可见棱边线
细实线	——————————	B	约 $d/2$	1. 尺寸线及尺寸界线 2. 剖面线 3. 重合断面的轮廓线 4. 螺纹牙底线及齿轮的齿根线 5. 指引线 6. 分界线及范围线 7. 过渡线 8. 辅助线 9. 不连续同一表面的连线 10. 呈规律分布的相同要素连线
波浪线	～～～～	C	约 $d/2$	1. 断裂处的边界线 2. 视图和剖视图的分界线
双折线	——⌇——⌇——	D	约 $d/2$	断裂处的边界线
细虚线	— — — — — — —	F	约 $d/2$	1. 不可见轮廓线 2. 不可见棱边线
细点画线	— · — · — · —	G	约 $d/2$	1. 轴线 2. 对称中心线 3. 分度圆（线） 4. 剖切线
粗点画线	— · — · —	J	d	限定范围表示线
细双点画线	— · · — · · —	K	约 $d/2$	1. 相邻辅助零件的轮廓线 2. 可动零件的极限位置的轮廓线 3. 坯料的轮廓线或锻件图中制成品的轮廓线 4. 重心线 5. 工艺用结构的轮廓线 6. 中断线

4．尺寸标注的格式

图样上所注的尺寸数值为零件的真实尺寸。尺寸标注包括尺寸界线、尺寸线、尺寸箭头和尺寸数字四要素。尺寸界线由图形的轮廓线、轴线或对称中心线处用细实线引出，也可利用轮廓线、轴线或对称中心线作尺寸界线。尺寸线与所标注的线段平行，两端用箭头，尺寸线不能用其他图线代替或重合。尺寸数字一般注写在尺寸线的上方，尺寸数字不可被任何图线隔开。

标注尺寸以 mm 为单位时，单位无须标注，如采用其他单位，则必须注明相应的计量单位的代号或名称。

标注直径时，应在尺寸数字前加注符号"ϕ"；标注半径时，应在尺寸数字前加注符号

"*R*"；标注角度的尺寸数字写成水平方向，角度尺寸要注明单位。标注斜度或锥度时，锥角符号的方向与锥度的方向一致。尺寸标注示例如图 2-1 所示。

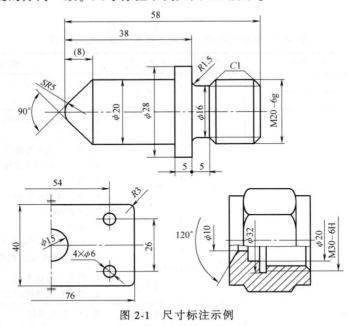

图 2-1　尺寸标注示例

二、视图

零件的图形按投射线垂直于投射面的正投影法绘制，向投射面投射所得的图形称作视图。视图一般只画零件的可见部分。

1. 基本视图

基本视图是向基本投射面投射所得的视图。基本投射面规定为正六面体的六个面，将零件放在其中，分别向六个基本投射面投射，得到主视图、俯视图、左视图、右视图、仰视图和后视图六个基本视图。基本视图示例如图 2-2 所示。

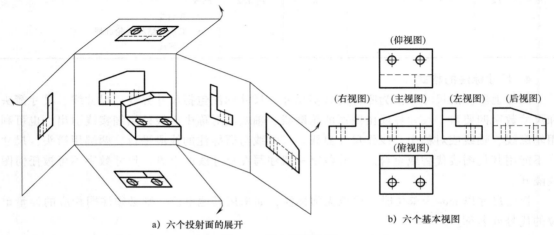

a）六个投射面的展开　　　　b）六个基本视图

图 2-2　基本视图示例

2. 斜视图

斜视图是物体向不平行于任何基本投射面的平面投影所得的视图。画斜视图时，必须在视图的上方标出用字母表示的视图名称，在相应的视图附近用箭头指明投射方向，并注上同样的字母，如图 2-3 所示。

3. 局部视图

局部视图是将零件的某一部分向基本投射面投射所得的视图。画局部视图时，一般在局部视图上方标出视图的名称"X"，在相应的视图附近用箭头指明投射方向，并注上同样的字母，如图 2-4 所示。

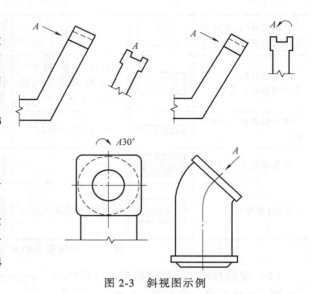

图 2-3 斜视图示例

图 2-4 局部视图示例

三、剖视图、断面图及局部放大图

1. 剖面符号及画法

在剖视和断面图中，应采用机械制图中规定的剖面符号，如图 2-5 所示。剖面符号仅表示材料的类别，材料的名称和代号必须另行注明。

剖面线的画法示例如图 2-6 所示。在装配图中，同一零件的剖面线应方向相同、间隔相等，相邻的不同零件的剖面线的方向或间隔应有所不同。当被剖部分的图形面积较大时，可以只沿轮廓的周边画出剖面符号。如果仅需画出剖视图中的一部分图形，其边界又不画波浪线，则应将剖面线绘制整齐。

2. 剖视图

剖视图是假想用剖切面剖开零件，将处在观察者和剖切面之间的部分移去，而将其余部分向投射面投射所得的图形。

金属材料(已有规定剖面符号者除外)	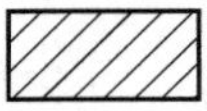 ▨	线圈绕组元件	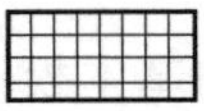 ▦	转子、电枢、变压器和电抗器等的叠钢片	 ▥
非金属材料(已有规定剖面符号者除外)	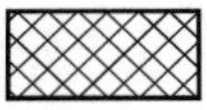 ▩	型砂、填砂、粉末冶金、砂轮、陶瓷刀片、硬质合金刀片等	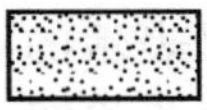 ⣿	玻璃及供观察用的其他透明材料	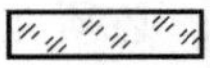 ▱
木质胶合板(不分层数)	 〰	基础周围的泥土	 ⧄	混凝土	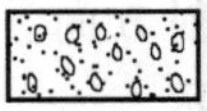 ▱
钢筋混凝土	 ▱	砖	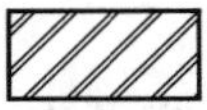 ▨	格网(筛网、过滤网等)	▬
木材(纵断面)	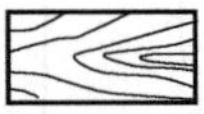 〰	木材(横截面)	 ◉	液体	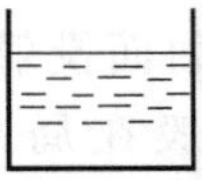 ▱

图 2-5　机械制图中规定的剖面符号

（1）全剖视图　全剖视图是用剖切平面完全剖开零件所得的剖视图，如图 2-7 所示。

（2）半剖视图　半剖视图是当零件具有中间平面时，在垂直于中间平面的投射面上投射所得的图形。可以对称中心线为界，一半画成剖视图，另一半画成视图。零件的形状接近于对称，且不对称部分已另有图形表达清楚时，也可以画成半剖视图，如图 2-8 所示。

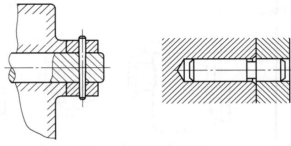

图 2-6　剖面线画法示例

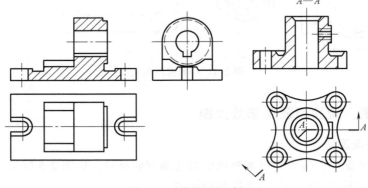

图 2-7　全剖视图示例

（3）局部剖视图　局部剖视图是用剖切平面局部剖开零件所得的剖视图。局部剖视图用波浪线分界，波浪线不应和图样上其他图线重合。当被剖结构为回转体时，允许将该结构的中心线作为局部剖视与视图的分界线，如图 2-9 所示。

（4）剖切位置与剖视图的标注　在剖视图的上方，用字母标出剖视图的名称"X—X"，在相应的视图上，用剖切符号表示剖切位置，用箭头表示投射方向，并注上同样的字母，如图 2-10 所示。

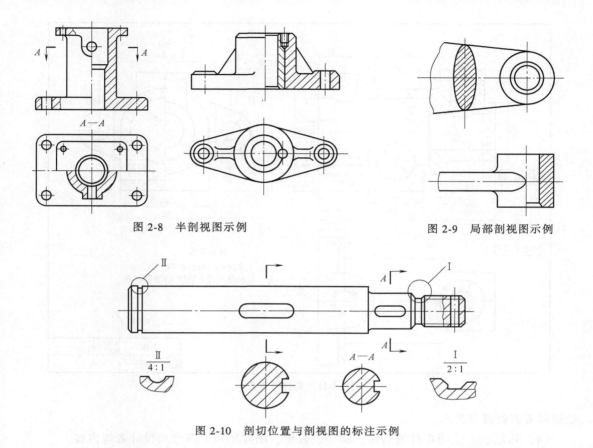

图 2-8　半剖视图示例　　　　　　　　　图 2-9　局部剖视图示例

图 2-10　剖切位置与剖视图的标注示例

（5）断面图　断面图是假想用剖切平面将零件的某处切断，仅画出断面的图形（图 2-10）。

（6）局部放大图　局部放大图是将零件的某部分，用大于原图的比例画出的图形（图 2-10）。局部放大图可画成视图、剖视图、断面图。

四、零件图

机器是由零件装配而成的，零件是组成机器或部件的最基本的构件。零件图是指导零件的加工、制造和检验的重要技术文件。表达单个零件的结构形状、尺寸大小及技术要求的图样称为零件图。掌握正确地阅读和绘制零件图的方法，是工程技术人员必备的基本功。

1. 零件图的主要内容

设计者需通过零件图表达出对零件的要求。为了制造出合格的零件，零件图中必须包括制造和检验该零件时所需的全部信息。一张完整的零件图应包括以下四个方面的内容，如图 2-11 所示。

（1）一组图形　完整、清晰地表达零件的结构形状，可以采用视图、剖视图、断面图。

（2）完整的尺寸　正确、完整、合理地标注出制造和检验零件时所需的全部尺寸。

（3）技术要求　用规定的符号、数字和文字注解，简明、准确地给出零件在使用、制造、检验时技术上应达到的一些技术要求，如表面粗糙度、极限与配合、几何公差、材料热

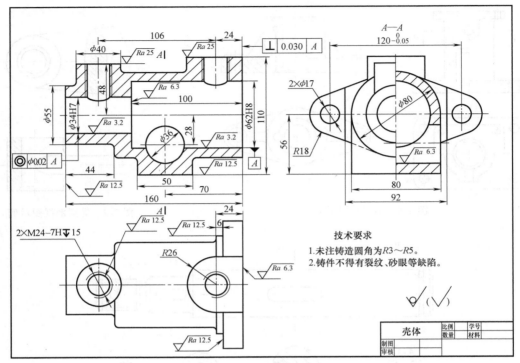

图 2-11 壳体零件图

处理和表面处理等要求。

（4）标题栏 说明零件的名称、材料、数量、图样比例、图号和设计者等内容。

2. 零件图的绘制

（1）零件的分类

1）标准件。如紧固件（螺栓、螺母、垫圈、螺钉等）、键、销和滚动轴承等。设计时，不必画出它们的零件图，可根据需要按规格选购。

2）常用件。如齿轮、蜗轮、蜗杆和弹簧等。这些零件虽然部分结构已实行标准化，但是在设计时仍须按规定画出零件图。

3）一般零件。按功能和结构特点可将一般零件大致分为轴套类、轮盘类、叉架类和箱体类四种。

（2）零件图视图的选择 视图选择就是选择适当的方法表达出零件的结构特征，首先应选择主视图，再选择其他视图。选择主视图时，应重点考虑投射方向和摆放位置，主视图应反映零件的明显形状特征，尽量体现零件的加工位置或工作位置。主视图选定之后，再考虑补充哪些视图、剖视图或断面图，使得表达完整。

（3）零件图的尺寸及标注 零件图的尺寸基准分为设计基准和工艺基准，既要考虑零件设计要求，还应考虑制造、检验和装配的工艺要求。为了减少误差，保证设计要求，应尽可能使设计基准和工艺基准重合。由于每个零件都需标注长、宽、高三个方向的尺寸，因此，每个方向都应该有一个主要基准。在一般情况下，主要基准为设计基准，辅助基准为工艺基准，主要基准和辅助基准之间必须有尺寸相联系。为了确保重要尺寸的加工精度，零件图的尺寸标注应避免形成封闭尺寸链。

零件图上尺寸标注应做到正确、完整、唯一且合理。国家标准对图样中尺寸标注的基本方法做了一系列的规定，必须严格遵守。

五、装配图

1. 装配图的主要内容

（1）一组视图　这是部件的工作原理，零件之间的装配关系和主要零件结构形状的表达。装配图与零件图的表达方法基本相同，都是通过各种视图、剖视图或断面图等来表达，但是装配图的表达要求与零件图有所区别，装配图需要表达部件的工作原理，各组成零件之间的相对位置、装配关系和主要零件的结构形状。

（2）必要尺寸　标注部件的规格、性能、装配、安装和总体等有关的尺寸。

（3）技术要求　用文字或规定的符号、代号，说明在装配、调试、检验或使用时应达到的技术要求。

（4）零件的编号、明细栏和标题栏　对每一种零件编号，填写明细栏和标题栏。

2. 装配图的绘制

（1）装配图的视图选择　首先确定主视图，主视图应符合部件的工作位置，清晰表达部件的工作原理和主要零件之间的装配关系，一般画成剖视图。然后配合主视图选择其他视图。对部件装配图视图的要求是正确、清晰地表达出部件的工作原理，各零件之间的相对位置和装配关系，以及零件的主要结构形式。

（2）装配图的尺寸及标注　装配图的尺寸包括性能规格尺寸和装配尺寸。性能规格尺寸是表示机器式部件性能和规格的尺寸，是设计或选用部件的主要依据。装配尺寸包括：

1）配合尺寸。表示零件间配合性质的尺寸。

2）相对位置尺寸。表示装配机器式拆画零件图时，零件间需要保证的相对位置尺寸，常见的有重要的轴距、中心距和间隙等。

3）安装尺寸。表示部件安装到其他零部件或基座上所需的尺寸。

4）外形尺寸。表示机器式部件的总长、总宽和总高的尺寸，部件所占空间的大小，供产品包装、运输和安装时参考。

5）其他重要尺寸。表示运动零件的活动范围，或主要零件的重要尺寸等。

装配图的尺寸标注与零件图的要求完全不同。零件图是用来制造零件的，所以，应标注出制造所需的全部尺寸；而装配图只需标注出与部件性能、装配、安装和运输有关的尺寸即可。为了便于看图和图样管理，在装配图中需要对每个零件进行编号，如图 2-12所示。

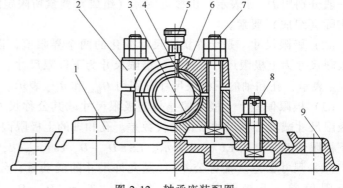

图 2-12　轴承座装配图

第二节　公差与配合

为了使零件具有互换性，必须保证零件的尺寸、几何形状和相互位置，以及表面特征技术要求的一致性。尺寸一致性的范围既要保证相互组合的零件之间形成一定的关系，以满足不同的使用要求，又要在制造上是经济合理的，这就形成"极限与配合"的概念——"极限"用于协调机器零件使用要求与制造经济性之间的矛盾，"配合"则是反映零件组合时相互之间的关系。

经标准化的极限与配合，有利于机器的设计、制造、使用与维修，有利于保证产品精度、使用性能、寿命等，有利于刀具、量具、夹具和机床等工艺装备的标准化。

一、尺寸公差与配合

1. 尺寸公差的概念

在零件的加工过程中，由于机床精度、刀具磨损、测量误差等因素的影响，不可能把零件的实际尺寸做得绝对准确，必然会产生误差。为了保证互换性和产品质量，可将零件尺寸的加工误差控制在一定范围内，规定出尺寸变动量，这个允许的尺寸变动量就称为尺寸公差，简称公差。极限与配合的关系如图 2-13 所示，尺寸公差如图 2-14 所示。

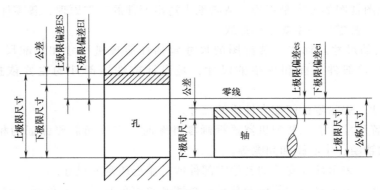

图 2-13　极限与配合的关系

（1）公称尺寸　公称尺寸是由图样规范确定的理想形状要素的尺寸。孔、轴的公称尺寸一般分别用 D、d 表示。由接近实际（组成）要素所限定的工件实际表面的组成要素部分为实际（组成）要素。

（2）极限尺寸　是允许实际尺寸变化的两个界限值，以公称尺寸为基数来确定，最大的极限尺寸为上极限尺寸，最小的极限尺寸为下极限尺寸。孔和轴的上极限尺寸分别用 D_{up} 和 d_{up} 表示，孔和轴的下极限尺寸分别用 D_{low} 和 d_{low} 表示。

（3）极限偏差　上极限偏差是上极限尺寸减其公称尺寸所得的代数差。下极限偏差是下极限尺寸减其公称尺寸所得的代数差。孔和轴的上极限偏差分别用 ES 和 es 表示，孔和轴的下极限偏差分别用 EI 和 ei 表示。$ES = D_{up} - D$，$es = d_{up} - d$，$EI = D_{low} - D$，$ei = d_{low} - d$。

（4）尺寸公差（简称公差）　是允许尺寸的变动量，公差 = 上极限尺寸 - 下极限尺寸 = 上极限偏差 - 下极限偏差。孔的公差：$T_h = \left| D_{up} - D_{low} \right| = \left| ES - EI \right|$。轴的公差：$T_s = $

$\left| d_{\rm up}-d_{\rm low} \right| = \left| {\rm es-ei} \right|$。

（5）公差带　公差带如图2-14b所示。

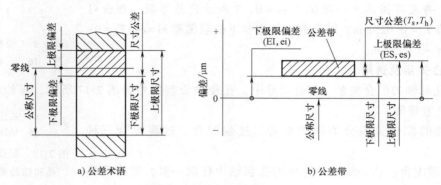

a) 公差术语　　　　　　　　b) 公差带

图 2-14　尺寸公差

【例】　计算图2-15所示轴套零件的尺寸公差、上极限尺寸和下极限尺寸。

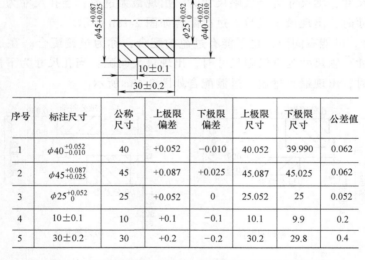

序号	标注尺寸	公称尺寸	上极限偏差	下极限偏差	上极限尺寸	下极限尺寸	公差值
1	$\phi40^{+0.052}_{-0.010}$	40	+0.052	-0.010	40.052	39.990	0.062
2	$\phi45^{+0.087}_{+0.025}$	45	+0.087	+0.025	45.087	45.025	0.062
3	$\phi25^{+0.052}_{0}$	25	+0.052	0	25.052	25	0.052
4	10 ± 0.1	10	+0.1	-0.1	10.1	9.9	0.2
5	30 ± 0.2	30	+0.2	-0.2	30.2	29.8	0.4

图 2-15　轴套零件尺寸公差、上极限尺寸和下极限尺寸

其中 $\phi40$ 部分的计算过程：

尺寸 $\phi40$ 的上极限尺寸为 $d_{\rm up}=d+{\rm es}=40+(+0.052){\rm mm}=40.052{\rm mm}$

尺寸 $\phi40$ 的下极限尺寸为 $d_{\rm low}=d+{\rm ei}=40+(-0.010){\rm mm}=39.990{\rm mm}$

尺寸 $\phi40$ 的公差为 $T_{\rm s}=\left| {\rm es-ei} \right|=\left| (+0.052)-(-0.010) \right|{\rm mm}=0.062{\rm mm}$

2. 识读公差代号

标准公差代号分为基本偏差代号和公差等级两个部分，如图2-16所示。标准公差的等级分为20个等级，从IT01、IT0、IT1至IT18，各级公差数值查表可得。其中，IT01精度最高，其余依次降低，IT18精度最低。基本偏差指在公差带图中，靠近零线的那个极限偏差，它可能是上极限偏差，也可能是下极限偏差，数值查表可得。孔和轴的极限偏差代号分别用大写和小写英文字母表示。

【例】 计算 $\phi45h7$ 上极限偏差和下极限偏差。h 表示轴的极限偏差代号，查表可得其上极限偏差 es = 0；7 表示公差等级，查表可得其公差值 T_s = 0.025mm。结合前面的内容下极限偏差 ei = es$-T_s$ = 0 - (+0.025) = -0.025mm。

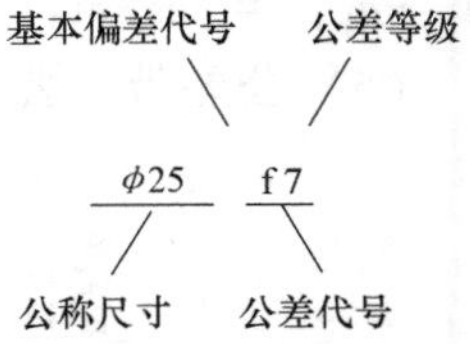

基本偏差代号　公差等级

$\phi25$　f7

公称尺寸　公差代号

图 2-16　公差代号

3. 配合关系及选用

（1）孔和轴的配合关系　配合尺寸中，孔和轴公差代号如图 2-17 所示，可绘制出孔和轴的配合公差带图。

$\phi38$　H7 - 孔公差带代号
g6 - 轴公差带代号

图 2-17　配合尺寸中
孔和轴公差代号

孔和轴的配合关系分为间隙配合、过盈配合、过渡配合三种类型。

1）间隙配合。从一批尺寸合格的孔和轴中任取一对，装配后都具有间隙的配合称为间隙配合。在间隙配合中，孔上极限尺寸与轴下极限尺寸之差为最大间隙，孔下极限尺寸与轴上极限尺寸之差为最小间隙。间隙配合如图 2-18a 所示。

2）过盈配合。有过盈（包括最小过盈等于零）的配合称过盈配合。在过盈配合中，当孔尺寸为下极限尺寸，轴尺寸为上极限尺寸时，出现最大过盈；当孔尺寸为上极限尺寸，轴尺寸为下极限尺寸时，出现最小过盈。过盈配合如图 2-18b 所示。

3）过渡配合。可能有间隙，也可能有过盈的配合，称为过渡配合。在过渡配合中，孔尺寸为上极限尺寸，轴尺寸为下极限尺寸时，出现最大间隙；当孔尺寸为下极限尺寸，轴尺寸为上极限尺寸时，出现最大过盈。过渡配合如图 2-18c 所示。

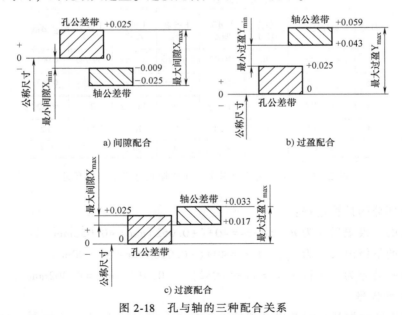

图 2-18　孔与轴的三种配合关系

（2）孔和轴的配合制　基孔制配合与基轴制配合。基本偏差为一定的孔的公差带，与不同基本偏差的轴的公差带形成各种配合关系的制度称为基孔制；基本偏差为一定的轴的公差带，与不同基本偏差的孔的公差带形成各种配合关系的制度称为基轴制配合。配合时一般优先选用基孔制配合。

4. 公差与配合的选择方法

选择方法为：①优先选择基孔制；②选择孔和轴的公差等级；③选择配合种类及轴、孔的公差带；④标注配合代号。

二、几何公差

1. 几何公差的分类与符号

GB/T 1182—2018 规定几何公差包括形状、方向、位置和跳动公差。几何公差的几何特征及符号见表2-2。

表 2-2　几何公差分类与符号

公差类型	几何特征	符号	公差类型	几何特征	符号
形状公差	直线度	—	位置公差	位置度	⊕
	平面度	▱		同心度（用于中心点）	◎
	圆度	○		同轴度（用于轴线）	◎
	圆柱度	⌀		对称度	=
	线轮廓度	⌒		线轮廓度	⌒
	面轮廓度	⌓		面轮廓度	⌓
方向公差	平行度	//	跳动公差	圆跳动	↗
	垂直度	⊥		全跳动	⌰
	倾斜度	∠			
	线轮廓度	⌒			
	面轮廓度	⌓			

（1）形状公差　形状公差指单一实际要素的形状所允许的变动全量，包括直线度、平面度、圆度、圆柱度、线轮廓度和面轮廓度。

（2）位置公差　位置公差指被测要素对基准要素在位置上允许的变动全量，包括同轴度、对称度、位置度、同心度、线轮廓度和面轮廓度。

（3）方向公差　方向公差包括平行度、垂直度、倾斜度、线轮廓度和面轮廓度。

（4）跳动公差　跳动公差包括圆跳动和全跳动。

2. 几何公差的识读与标注

（1）被测要素的标注　当被测要素为轮廓线或轮廓面时，指引线的箭头直接指向该要素的轮廓线或其延长线，且与尺寸线明显错开，如图2-19a所示；当被测要素为中心线或中间平面时，指引线的箭头应与相应轮廓的尺寸线对齐，如图2-19b所示。

（2）基准要素的标注

1）当基准为轮廓线或轮廓面时，基准符号的三角形应靠近基准要素的轮廓线或其延长线，且与尺寸线明显错开，如图2-20a所示。

2）当基准为中心线或中间平面时，基准符号的三角形应与相应轮廓的尺寸线对齐，如图2-20b所示。

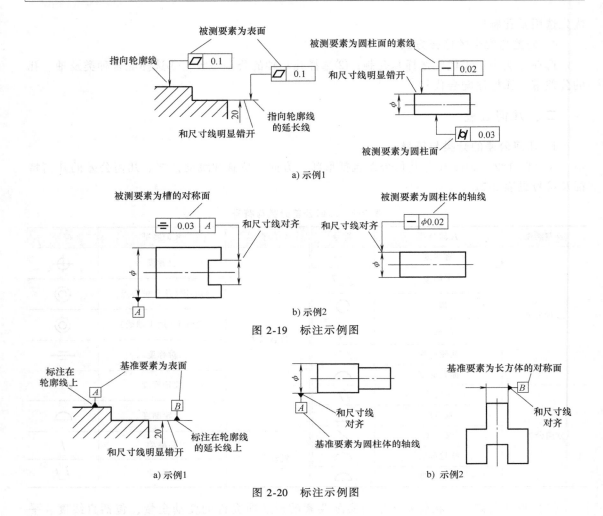

a) 示例1

b) 示例2

图 2-19　标注示例图

a) 示例1

b) 示例2

图 2-20　标注示例图

（3）几何公差的选择原则

1）根据零件的形体结构特征和功能要求确定几何公差类型，并考虑检测的方便性与经济性。

2）基准要素通常应具有较高的形状精度，具有较大的长度或面积，具有很好的刚度。基准要素一般应是零件在机器中的安装基准或工作基准。

3）在满足零件使用要求的前提下，尽量选择较大的几何公差值。

三、表面结构要求

1. 表面结构要求的参数

表面结构要求包括零件表面的表面结构参数、加工工艺、表面纹理及方向、加工余量、传输带、取样长度等。表面结构参数有粗糙度参数、波纹度参数和原始轮廓参数等，其中粗糙度参数是最常用的表面结构要求。

粗糙度是指加工表面上所具有的较小间距和峰谷所组成的微观几何形状特性，参数分为轮廓算术平均偏差 Ra 和轮廓最大高度 Rz，其中 Ra 值为最常用的评定参数。粗糙度微观放大如图 2-21 所示，粗糙度代号及其含义见表 2-3。

2. 表面结构的图形符号

表面结构的图形符号见表 2-4。

【例】　识读表面结构代号，如图 2-22 所示。

四、常见结构滚动轴承的公差和配合

1. 滚动轴承与轴和孔的配合性质

图 2-21　粗糙度微观放大

滚动轴承内圈孔与轴颈的配合应是过盈量适中的过盈配合，滚动轴承与外壳孔的配合应是最小间隙为 0 的间隙配合。

表 2-3　粗糙度代号及其含义

代号	含　义
$\sqrt{Ra\,25}$	表示表面用非去除材料的方法获得，单向上限值，轮廓算术平均偏差 Ra 为 $25\mu m$
$\sqrt{Rz\,0.8}$	表示表面用去除材料的方法获得，单向上限值，轮廓最大高度 Rz 为 $0.8\mu m$
$\sqrt{Ra\,3.2}$	表示表面用去除材料的方法获得，单向上限值，轮廓算术平均偏差 Ra 为 $3.2\mu m$
$\sqrt{\begin{matrix}U\,Ra\,3.2\\L\,Ra\,0.8\end{matrix}}$	表示表面用去除材料的方法获得，双向极限值，轮廓算术平均偏差 Ra 的上限值为 $3.2\mu m$，下限值为 $0.8\mu m$
$\sqrt{L\,Ra\,3.2}$	表示表面用任意加工方法获得，单向下限值，轮廓算术平均偏差 Ra 为 $3.2\mu m$

表 2-4　表面结构的图形符号

符号名称	符　号	含　义
基本图形符号	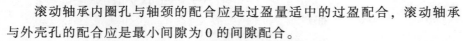	由两条不等长的与标注表面成 60°夹角的直线构成，仅用于简化代号标注，没有补充说明时不能单独使用
扩展图形符号		在基本图形符号上加一短横，表示指定表面用去除材料的方法获得，如通过机械加工获得的表面
		在基本图形符号上加一圆圈，表示指定表面用非去除材料的方法获得
完整图形符号		当要求标注表面结构特征的补充信息时，应在图形符号的长边上加一横线

2. 与滚动轴承配合的轴颈和外壳孔的常用公差带

由于滚动轴承内圈内径和外圈外径的公差带在生产轴承时已经确定，因此使用滚动轴承时，它与轴颈和外壳孔的配合面间的配合性质应由轴颈和外壳孔的公差带确定。与滚动轴承内圈内孔配合的轴颈常用公差带如图 2-23 所示。

为了保证滚动轴承内圈孔与轴颈适量的过盈配合，轴颈的尺寸与公差应该选择 $\phi30m6$，如图 2-24 所示。

与滚动轴承外圈配合的外壳孔的常用公差带如图 2-25 所示。

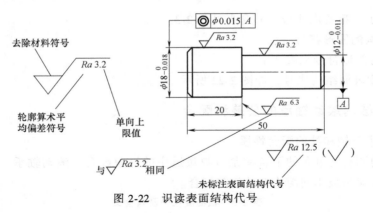

图 2-22　识读表面结构代号

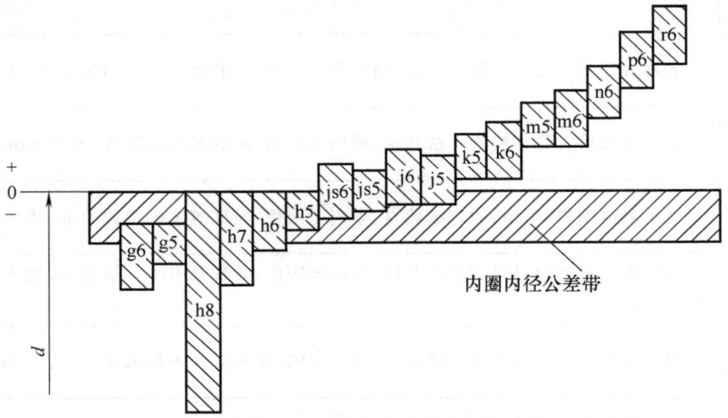

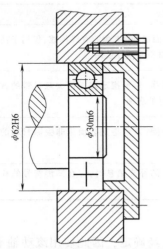

图 2-24　滚动轴承内圈孔与轴颈
的尺寸公差选择；滚动轴承外
圈与外壳孔的尺寸公差选择

图 2-23　与滚动轴承内圈内孔配合的轴颈常用公差带

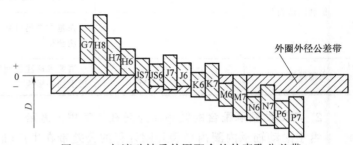

图 2-25　与滚动轴承外圈配合的外壳孔公差带

　　为了保证滚动轴承外圈与外壳孔为最小间隙为 0 的间隙配合，外壳孔的尺寸与公差应该选择 $\phi62H6$，如图 2-24 所示。

第三节 测量与检验

制造完成后的产品是否满足设计的几何精度要求，需要通过测量做出判断。测量，是以确定被测对象的量值为目的的操作。在这一操作过程中，将被测对象与复现测量单位的标准量进行比较，并以被测量与单位量的比值及其准确度表达测量结果。如用游标卡尺对一轴颈的测量，就是将被测对象（轴的直径）用特定测量方法（用游标卡尺测量）与长度单位（mm）相比较。若其值为30.52mm，准确度为±0.02mm，则测量结果可表达为（30.52±0.02）mm。测量过程包含测量对象、计量单位、测量方法和测量误差四个要素。

检验是判断被测物理量是否合格（在规定范围内）的过程，一般来说就是确定产品是否满足设计要求的过程，即判断产品合格性的过程。对于大批量生产的产品，往往借助专门的检具提高检验效率。检验通常不要求测出具体测量值，因此检验也可理解为不要求具体测量值的测量。

计量是为实现测量单位的统一和量值准确可靠的测量。对于一种物理量，如长度，都有一个国际标准单位。为了确保量值的合理和统一，建立了国家基准、副基准和工作基准，必须将具有最高计量特性的国家基准逐级传递，直至用于对产品测量的各种测量器具。

一、测量的原则

测量方法可以分为直接测量和间接测量、绝对测量和相对测量、接触测量和非接触测量、单项测量和综合测量等类型。在实际测量中，对于同一被测量往往可以采用多种测量方法。为减小测量不确定度，应尽可能遵守以下测量基本原则：

（1）阿贝原则 要求在测量过程中被测长度与基准长度应安置在同一直线上。因为若被测长度与基准长度并排放置，在测量比较过程中由于制造误差的存在和移动方向的偏移，会在两长度之间出现夹角而产生较大误差。误差的大小不但与两长度之间夹角大小有关，还与两者之间距离有关，距离越大，误差也越大。

（2）基准统一原则 测量基准应与加工基准和使用基准统一。工序测量应以工艺基准作为测量基准，终检测量应以设计基准作为测量基准。

（3）最短链原则 应尽可能减少测量链的环节数，以保证测量精度。在间接测量中，与被测量具有函数关系的其他量与被测量形成测量链。形成测量链的环节越多，被测量的不确定度越大。

二、常用的测量工具及使用方法

1. 游标卡尺

游标卡尺是一种测量长度尺寸的游标量具。游标量具由主体和附在主体上能滑动的游标两部分构成，常用的游标量具还有游标高度卡尺、游标深度卡尺、游标齿厚卡尺和游标万能角度尺等，通常用于测量零件的尺寸、角度、形状精度和相互位置精度等。

（1）游标卡尺的结构 游标卡尺的结构如图2-26所示。

（2）游标卡尺的读数方法 先读取主标尺刻度，再看游标尺上第 N 条刻度线与主标尺刻度线对齐，即尺寸数值＝主标尺示值+分度值×N。游标卡尺读数如图2-27所示。

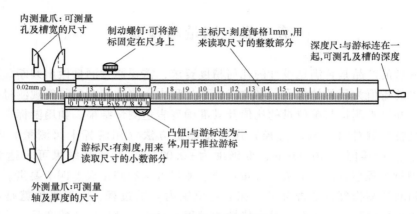

图 2-26　游标卡尺结构

（3）游标卡尺的使用方法　使用游标卡尺测量前，应检查卡尺的两个测量面和测量刀口是否平直无损，把两个测量爪紧密贴合时，游标尺和主标尺的零刻度线要相互对准。

测量过程中，应使测量爪轻轻地接触被测表面，且两个测量爪与被测表面的接触点的连线与被测表面垂直。在测量内孔直径时，应轻微摆

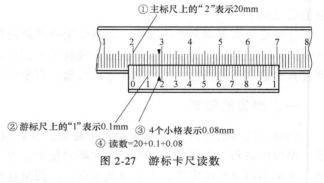

① 主标尺上的"2"表示20mm
② 游标尺上的"1"表示0.1mm　③ 4个小格表示0.08mm
④ 读数=20+0.1+0.08

图 2-27　游标卡尺读数

动，读取最大读数为测量值。读数时应使视线与尺面垂直。

2. 千分尺

千分尺是一种测量长度尺寸的量具。

（1）千分尺的结构　千分尺结构呈弓形，一端装有测砧。测微螺杆和微分筒、微调旋钮相连。当微分筒相对于固定套管转过一周时，测微螺杆前进或后退一个螺距，测微螺杆端面和测砧之间的距离也改变一个螺距长。千分尺外观如图 2-28 所示。

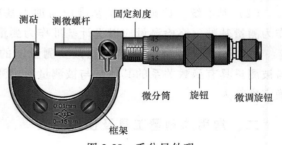

图 2-28　千分尺外观

（2）千分尺的读数方法　读取千分尺的示数时首先看固定刻度，图 2-28 中，固定刻度部分为 4.5mm。然后，从微分筒上读取可变刻度为 40.8，对应长度 0.01mm × 40.8 = 0.408mm。固定刻度和可变刻度相加，得出测量读数为 4.908mm。

（3）千分尺的使用方法　使用千分尺前，使测微螺杆和测砧轻触，检查微分筒的端面与固定套管上的零刻度线是否重合，以确认零位校准。

用千分尺测量物体的长度时，将待测物放在测砧和测微螺杆之间后，操作旋钮使微分筒转动，即将夹紧待测物时，不得再拧微分筒，而应轻轻转动微调旋钮，使测微螺杆前进，以

一定的力使待测物夹紧时，测力装置中的棘轮即发出"喀喀"的响声。这样操作不至于把待测物夹得过紧或过松而影响测量结果，也不会压坏测微螺杆的螺纹。

3. 百分表

百分表是利用精密齿条齿轮机构制成的表式长度测量工具，它只能测出相对数值，主要用于测量几何误差，如圆度、直线度、平面度、平行度、圆跳动等，也常用于校正零件的安装位置。

（1）百分表的结构　百分表由测量头、测量杆、防振弹簧、齿条、齿轮、游丝、表盘及指针等组成。它将被测尺寸引起的测量杆微小直线移动，利用齿条齿轮或杠杆齿轮传动，将测量杆的直线位移变为指针的角位移。百分表外观如图2-29所示。

百分表通常安装在磁力表座上，借助磁力表座进行百分表的位置固定及方位调整。磁力表座的磁力状态如图2-30所示。

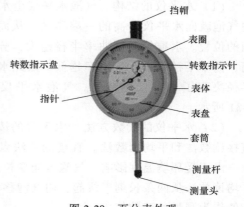

图 2-29　百分表外观

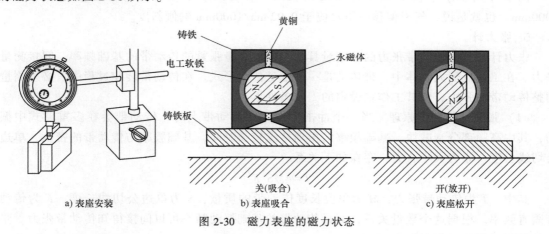

a) 表座安装　　　　b) 表座吸合　　　　c) 表座松开

图 2-30　磁力表座的磁力状态

（2）百分表的读数方法　百分表分度值为 0.01mm，读数时先读小指针转过的刻度线（即毫米整数），再读大指针转过的刻度线（即小数部分）并乘以 0.01，然后两者相加，即得到所测量的数值。

（3）百分表的使用方法

1）检查百分表的灵敏度。用手指轻抵测量杆底部，表针应动作灵敏。松开之后，应能回到最初的位置。为方便读数，测量前调整表盘使大指针指到刻度盘的零位。

2）把百分表固定在稳固的夹持架上。

3）测量时，不可使测量杆的行程超过它的测量范围，不可使表头突然撞到工件上。不可用百分表测量过于粗糙或有显著凹凸不平的表面。

4）测量平面时，百分表的测量杆应与平面垂直，测量圆柱形工件时，测量杆应与工件的中心线垂直，避免测量杆活动不灵或测量结果不准确。

4. 水平仪

水平仪是一种用于测量相对于水平位置的倾斜角，机械设备导轨的平面度和直线度，设备安装的水平位置和垂直位置等的常用量具。水平仪的种类比较多，最常用的是气泡水平仪。

（1）水平仪的结构　气泡水平仪由水准管和基座构成。当水平仪发生倾斜时，水准管中气泡就向水平仪升高的一端移动，从而确定水平面的位置。水准管内壁曲率半径越大，分辨率就越高，曲率半径越小，分辨率越低，因此水准管曲率半径决定了水平仪的精度。气泡水平仪外观如图2-31所示。

图 2-31　气泡水平仪外观

（2）水平仪的读数方法　水平仪的读数方法有直接读数法和平均读数法。直接读数法以长刻度线为零线，气泡相对零线移动格数作为读数。由于受环境温度影响，气泡可能变长或缩短，引起读数误差，此时可采用平均读数法。平均读数法从两条长刻度线起，向气泡移动方向读至气泡端点为止，然后用这两个读数的平均值作为测量的读数值。

图 2-31 所示水平仪上标注有 0.02：1000，表明该水平仪的标称分度值为 0.02mm/1000mm。也就是说，气泡偏移一格对应于 0.02mm/1000mm 的倾斜度。

5. 张力计

张力计是测量传动带张力的常用量具。它通过测量张紧的传动带的基础频率，间接测量张力。在工业机器人本体中，带传动是一种常见传动形式。在传动带装配过程中，必须测量调整传动带的张力，使其工作在设定的工作条件下。

（1）张力计的测量原理　当一个冲击力作用在传动带上时，传动带会在多重模式中振动，其中高频部分衰减快，基础频率的振动持续较长时间，基础频率与传动带的密度、单边公切线长度、张力大小有关，存在如下关系

$$T = 4MS^2F^2$$

其中，T 为传动带张力，M 为单位长度传动带的质量，S 为单边公切线长度，F 为传动带固有频率。根据这个数量关系，测量传动带的基础振动频率可以间接得知传动带张力。张力计外观及测量示意如图 2-32 所示。

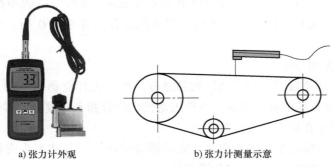

a) 张力计外观　　　　　　　　　b) 张力计测量示意

图 2-32　张力计外观及测量

（2）张力计的使用步骤

1）开启电源。

2）输入单位长度传动带的质量 M，可用传动带总质量除以总长度得到。

3）输入单边切线长度 S，在两个带轮直径差别远远小于两带轮中心距的情况下，可以用两带轮的中心距代替。否则，应按下式计算

$$S = \sqrt{d^2 - (R-r)^2}$$

其中，d 为带轮中心距，R、r 分别为两个带轮的半径。

4）将探头置于传动带的中间位置上方并与传动带垂直，距离传动带 3~20cm，轻拍传动带使传动带开始自然的振动，等待张力计显示测量结果。

6. 其他几何测量设备

在工业机器人生产过程中，还有高品质的精密测量设备如坐标测量机、激光干涉仪等，如图 2-33 所示。这些精密检测设备由机械、电子、光学、控制系统，以及专用计算机及软件组成，一般由专人操作使用。其中，坐标测量机常常用于精密切削加工零件的检验，精度高，一次检测可测出多项几何误差，适用于小批量、形状复杂的零件的几何精度检测。

三、几何公差的检验

在机械零件切削加工和装配过程中，几何公差是质量检验的主要

a) 坐标测量机   b) 激光干涉仪

图 2-33 精密测量设备

内容。GB/T 1182—2018 中规定几何特征项目见表 2-5，其中形状公差是对单一要素提出的要求，因此无基准要求；方向、位置、跳动公差是对关联要素提出的要求，因此有基准要求。

表 2-5 几何特征项目

公差类型	几何特征	有无基准	公差类型	几何特征	有无基准
形状公差	直线度	无	位置公差	位置度	有或无
	平面度	无		同心度（用于中心点）	有
	圆度	无		同轴度（用于轴线）	有
	圆柱度	无			
	线轮廓度	无		对称度	有
	面轮廓度	无		线轮廓度	有
方向公差	平行度	有		面轮廓度	有
	垂直度	有			
	倾斜度	有	跳动公差	圆跳动	有
	线轮廓度	有			
	面轮廓度	有		全跳动	有

1. 直线度的检验

直线度是表示零件上的直线要素实际形状保持理想直线的状态，即平直程度。直线度公差是实际线对理想直线所允许的最大变动量，也就是在图样上所给定的，用以限制实际线加工误差所允许的变动范围。直角坐标工业机器人以及带有行走轴的工业机器人装配过程都涉及直线度检验。直线度的含义如图 2-34 所示。

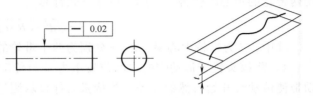

图 2-34　直线度的含义

直线度的常用测量方法有：

（1）光隙法　光隙法测量直线度误差，是用样板直尺（刀口形直尺）等作为"理想直线"，刀口形直尺与被测实际直线相接触，以它们之间透光缝隙的大小来判断直线度误差。类似的，当直线度要求不高，公差大于 $30\mu m$ 时，可采用塞尺来测量刀口形直尺与被测实际直线的间隙，测得直线度误差。

（2）打表法　打表法测量直线度误差时，常以精密平板作为理想直线，如图 2-35 所示，在精密平板上连续地或定距间断地移动百分表表座，由百分表读出被测件相对平板的直线度误差。

（3）节距法　节距法又称跨距法，是用桥板对被测面进行分段测量的一种方法，主要用来测量精度要求较高而待测直线尺寸又较长的表面，如工业机器人行走轴导轨等各种长导轨面。

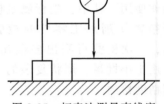

图 2-35　打表法测量直线度

常组合使用水平仪与桥板用节距法测量直线度。若测量时使用的是分度值为 0.02/1000 的水平仪，实测时桥板节距长为 L，水平仪读数为 a 格，则以格为单位的直线度误差值换算为线值表示的直线度误差 $f=(L/1000)\times0.02\times a$（mm）。

自准直仪是一种利用光的自准直原理将角度测量转换为线性测量的一种计量仪器，也可用于直线度测量。

2. 平面度的检验

平面度是表示零件的平面要素实际形状保持理想平面的状态，即平整程度。平面度公差是实际表面对平面所允许的最大变动量，也就是图样上给定的，用以限制实际表面加工误差所允许的变动范围。平面度的含义如图 2-36 所示。

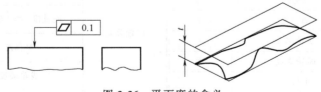

图 2-36　平面度的含义

平面度的常用测量方法有：

（1）平晶干涉法　用光学平晶的工作面作为"理想平面"，直接以干涉条纹的弯曲程度确定被测表面的平面度误差值。这种方法主要用于测量小平面，如量规的工作面和千分尺测头测量面的平面度误差。

（2）打表测量法　打表测量法是将被测零件和百分表放在标准平板上，以标准平板作为测量基准面，用百分表沿实际表面逐点或沿几条直线方向测量。

平面是由直线组成的，因此直线度测量中光隙法、自准直仪法等也适用于测量平面度误差。测量平面度时，先测出若干截面的直线度，再把各测点的量值按平面度公差带定义利用图解法或计算法进行数据处理即可得出平面度误差。

3. 圆度的检验

圆度是表示零件上圆的要素实际形状与其中心保持等距的状态，即圆整程度。圆度公差是在同一截面上，实际圆对理想圆所允许的最大变动量，也就是图样上给定的，用以限制实际圆的加工误差所允许的变动范围。圆度的含义如图 2-37 所示。

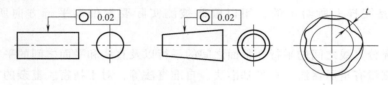

图 2-37　圆度的含义

圆度的常用测量方法主要有回转轴法、三点法、两点法、投影法和坐标法等。

根据选取评定圆心的方法不同，圆度误差的评定方法有如下几种：

（1）最小区域法　以包容被测圆轮廓的半径为最小的两同心圆的半径差作为圆度误差。

（2）最小二乘圆法　以被测圆轮廓上各点至圆周距离的二次方和为最小的圆的圆心为圆心，所作包容被测圆轮廓的两同心圆的半径差即为圆度误差。

（3）最小外接圆法　只适用于外圆，以包容被测圆轮廓且半径为最小的外接圆圆心为圆心，所作包容被测圆轮廓的两同心圆半径差即为圆度误差。

（4）最大内接圆法　只适用于内圆，以内接于被测圆轮廓且半径为最大的内接圆圆心为圆心，所作包容被测圆轮廓两同心圆的半径差即为圆度误差。

4. 圆柱度的检验

圆柱度是表示零件上圆柱面外形轮廓上的各点对其轴线保持等距的状态。圆柱度公差是实际圆柱面对理想圆柱面所允许的最大变动量，也就是图样上给定的，用以限制实际圆柱面加工误差所允许的变动范围。圆柱度误差包含了轴平面和横剖面两方面的误差。

圆柱度测量方法有两点法、三点法、三坐标测量法、数据采集仪连接百分表测量方法。圆柱度的测量方法与圆度测量类似，但其测量是在整个圆柱面上展开的。取整个圆柱面上各点偏离中心线的最大最小值的差值为圆柱度误差。而圆度误差仅为一个圆周上各点到中心距离的最大差值。

5. 线轮廓度的检验

线轮廓度是表示在零件的给定截面上，任意形状的曲线保持其理想形状的状态。线轮廓度公差是指非圆曲线的实际轮廓线的允许变动量，也就是图样上给定的，用以限制实际曲线加工误差所允许的变动范围。线轮廓度的含义如图 2-38 所示。

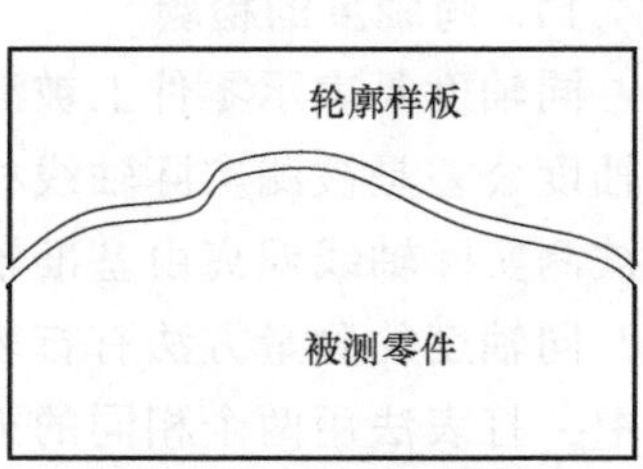

图 2-38　线轮廓度的含义

线轮廓度的测量可采用轮廓样板检查和仪器设备检查。样板检验需要制作样板，常用于批量大、中低精度的零件。对于高精度及批量小的零件，可采用专用设备如坐标测量机检测线轮廓度误差。

6. 面轮廓度的检验

面轮廓度是表示零件上的任意形状的曲面保持其理想形状的状态。面轮廓度公差是指非圆曲面的实际轮廓线，对理想轮廓面的允许变动量，也就是图样上给定的，用以限制实际曲面加工误差的变动范围。面轮廓度误差可采用坐标测量机测量。

7. 平行度的检验

平行度是表示零件上被测实际要素相对于基准保持等距离的状态，即保持平行的程度。平行度公差指被测要素的实际方向，与基准相平行的理想方向之间所允许的最大变动量，也就是图样上所给出的，用以限制被测实际要素偏离平行方向所允许的变动范围。

平行的情况分直线之间的平行、平面之间的平行以及直线和平面之间的平行三种。

平行度的测量有指示器法、水平基准法、自准直法等，对于精密、复杂的零件，平行度的测量一般在坐标测量机上完成。

8. 垂直度的检验

垂直度是表示零件上被测要素相对于基准要素保持90°夹角的状态，即两要素之间保持正交的程度。垂直度公差指被测要素的实际方向，对于基准相垂直的理想方向之间，所允许的最大变动量，也就是图样上给出的，用以限制被测实际要素偏离垂直方向，所允许的最大变动范围。

在垂直度公差中，被测要素和基准要素可以是线也可以是面。垂直度的测量相当于90°夹角准确性的测量。经常借助直角尺把垂直度检测转化为平行度的检测。

9. 倾斜度的检验

倾斜度是表示零件上两要素相对方向保持任意给定角度的正确状态。倾斜度公差是指被测要素的实际方向，对于基准成任意给定角度的理想方向之间所允许的最大变动量。

测量倾斜度误差常用固定角度的支座或者精密转台等形成固定角度斜面，再把被测零件的基准面靠在固定角度斜面上，用被测表面与测量平台面的平行度误差来间接评定。

10. 对称度的检验

对称度是表示零件上两对称中心要素保持在同一中间平面内的状态。对称度公差是实际要素的对称中心面（或中心线、轴线）对理想中间平面所允许的变动量。理想中间平面是指与基准中间平面（或中心线、轴线）共同的理想平面。

11. 同轴度的检验

同轴度是表示零件上被测轴线相对于基准轴线保持在同一直线上的状态，即共轴程度。同轴度公差是被测实际轴线相对于基准轴线所允许的变动量，也就是图样上给出的，用以限制被测实际轴线偏离由基准轴线所确定的理想位置所允许的变动范围。

同轴度的测量方法有打表测量法、利用数据采集仪连接百分表法、坐标测量机测量法。其中，打表法用两个相同的刃口状V形架支承基准部位，然后用百分表测量被测部位。适用于同轴度要求不太高的零件的检测。

12. 位置度的检验

位置度是表示零件上的点、线、面等要素相对其理想位置的准确状态。位置度公差是被测要素的实际位置相对于理想位置所允许的最大变动量。在一般装配过程中，较少对零件进行位置度误差的检测，如果需要，常采用专用的检具或者坐标测量机完成。

位置公差的测量不仅用于零件质量检测过程，装配后的部件、组件、整机也经常涉及位置公差的测量，如直角坐标工业机器人各坐标之间垂直度的测量，工业机器人行走轴导轨的平行度测量，工业机器人机械接口的圆跳动的测量等。虽然这些测量的基准和被测对象不在一个零件上，但测量的原理和方法是一致的。

13. 圆跳动的检验

圆跳动是表示零件上的回转表面在限定的测量面内相对于基准轴线保持固定位置的状态。圆跳动公差是被测实际要素绕基准轴线，无轴向移动地旋转一整圈时，在限定的测量范围内，所允许的最大变动量。

圆跳动按被测要素的几何特征和测量方向包括径向圆跳动、轴向圆跳动、斜向圆跳动。圆跳动和圆度的区别在于测量圆度误差时，只考虑表面形状，没有基准轴线，而圆跳动必须指定基准轴线。

14. 全跳动的检验

全跳动是指零件绕基准轴线作连续旋转时沿整个被测表面上的跳动量。全跳动公差是被测实际要素绕基准轴线连续旋转，同时指示器沿其理想轮廓相对移动时，所允许的最大跳动量。

全跳动分为径向全跳动和轴向全跳动。径向全跳动的公差带与圆柱度公差带近似，但圆柱度是形状误差，没有基准轴线。轴向全跳动与端面对轴线的垂直度公差带是相同的。

15. 铸、锻、焊件的质量检验

（1）铸件的质量检验 铸件的质量包括外观质量、内在质量和使用质量。外观质量指铸件表面粗糙度、表面缺陷、尺寸偏差、形状偏差等；内在质量指铸件的化学成分、物理性能、金相组织，以及存在于铸件内部的孔洞、裂纹等情况；使用质量指铸件在不同条件下的工作耐久能力，包括耐磨、耐蚀等性能以及被切削性、焊接性等工艺性能。在质量检验时需要对铸件的尺寸、表面外观进行检查，对化学成分进行分析和对力学性能进行试验。对于比较重要或铸造工艺上容易产生问题的铸件，可采用射线、超声波设备对内部进行无损检测。

（2）锻件的质量检验 锻件可能由于锻造时原材料缺陷、落料不当、锻造工艺过程不当等引起多种缺陷，如存在残留铸造组织、折叠、流线不顺、涡流、穿流、穿肋、裂纹和过烧等缺陷。对于不同的金属材料，其产生缺陷种类也会有差异。锻件缺陷发生的部位可以是外部可见缺陷及内部缺陷。一般来讲外观质量的检验属于非破坏性检验，通过肉眼或低倍放大镜就可以检查，有时也采用无损探伤的方法。而内部质量的检验，根据检查内容的要求，有些必须采用破坏性检验，有些则可以采用无损检测。

（3）焊接件的质量检验 焊接件可能存在外观缺陷、气孔、夹渣、裂纹、未焊透、未熔合、白点、过热、过烧和焊缝化学成分不符合要求等缺陷。其质量检测方法包括外观检测；针对物理、化学特性的破坏性检测（如力学性能试验、化学成分分析等），借助物理、化学手段进行的非破坏性检验（如超声波探伤、射线探伤等）。

第四节　金属材料

一、金属材料的种类

金属材料通常分为黑色金属和有色金属两类。

1. 黑色金属

黑色金属主要指铁、锰、铬及其合金，这类金属通常表面会覆盖一层氧化物，呈现黑色。锰、铬主要用来冶炼合金钢，所以黑色金属又称钢铁材料，包括纯铁、铸铁、碳钢和合金钢等。

钢铁材料是以铁、碳两种元素为主要成分的合金，又称铁碳合金，根据碳的质量分数可分为工业纯铁、钢和铸铁，其中工业纯铁的碳的质量分数低于 0.02%，钢的碳的质量分数为 0.02%~2.11%，铸铁的碳的质量分数为 2.11%~4.0%。

（1）钢　根据化学成分，钢可分为碳素钢和合金钢。

碳素钢按碳的质量分数可分为低碳钢、中碳钢和高碳钢，其性能和应用见表 2-6。

表 2-6　碳素钢的性能和应用

分类	碳的质量分数	性　能	应　用
低碳钢	<0.25%	强度低、硬度低、塑性和韧性好，有良好的冷成形加工性和焊接性	工程结构件、容器，形状复杂的零件如链条、铆钉、螺栓等
中碳钢	0.25%~0.6%	强度、塑性、韧性适中，热加工及切削性能良好，焊接性能较差	较高强度的运动零件，如机床主轴、轴承、齿轮，压缩机和泵的活塞
高碳钢	>0.6%	强度高、硬度高，耐磨性好，塑性和韧性差，焊接性能差，退火状态下有较好的可加工性	工具、刃具、弹簧和耐磨零件

合金钢是碳素钢与其他元素的合金，在碳素钢中加入硅、锰、铬、铝、镍、硼和钨等元素，可改善钢的使用性能和工艺性能，如使钢的强度和硬度增加，增强耐磨性等。按加入的元素不同可将合金钢分为硅钢、锰钢、铬钢、镍钢、铬镍钢和锰硅钢等。按用途可将合金钢分为合金结构钢、合金工具钢和特种合金钢，其性能特点和应用见表 2-7。

常用的钢材有型钢、钢板、钢管和钢丝等种类。型钢分为圆钢、方钢、角钢、工字钢、扁钢、六角钢和槽钢等。钢板分为钢带和覆层钢板，覆层钢板是在低碳钢板表面镀覆保护层，使钢板具有良好的耐蚀性和外观装饰性，包括镀锌钢板、镀锡钢板、镀铝钢板和花纹钢板等。钢管分为无缝钢管和焊缝钢管。

（2）铸铁　铸铁通常可分为灰铸铁、球墨铸铁和可锻铸铁。

灰铸铁的抗拉强度、塑性和韧性较差，但具有良好的抗压强度、铸造性能和切削性能，较高的减振性和耐磨性，通常用来制造承受简单载荷的工件，如工作台、齿轮箱、轴承座等，是应用广泛的一种铸铁。

球墨铸铁的强度和塑性高于灰铸铁和可锻铸铁，接近铸钢，但韧性较差，可用于制造负荷较大、受力较复杂的零件，如齿轮、曲轴、连杆等。

表 2-7 合金钢的特点和应用

分类		性能特点	主要应用
合金结构钢	低合金结构钢	较高的强度、塑性和韧性,良好的焊接性和冷成形性	工程构件、压力容器、重型机械、车辆、船舶和管道等
	合金渗碳钢	热处理后表面具有高硬度和高耐磨性,心部具有良好的塑性和韧性	变速齿轮、齿轮轴、凸轮、活塞销、蜗杆和牙嵌离合器等
	合金调质钢	热处理后具有较高的强度,良好的塑性和韧性	受力复杂的零件,如机床齿轮、曲轴、连杆等
	合金弹簧钢	热处理后具有较高的弹性极限和疲劳极限,足够的塑性和韧性	螺旋弹簧、气门弹簧、阀门弹簧和车辆板簧等
	滚动轴承钢	热处理后具有高硬度、高耐磨性、高弹性极限和疲劳极限,足够的韧性	滚动轴承、滚珠等
合金工具钢	合金刃具钢	高硬度、高耐磨性、较高的强度和一定的韧性	钻头、车刀、铣刀、铰刀和拉刀等刃具
	合金模具钢	较高的硬度和耐磨性,足够的硬度和韧性,良好的抗疲劳性	冷、热冲压模、挤压模、压铸模、拉丝模等
	合金量具钢	高硬度和耐磨性,高的尺寸稳定性和耐蚀性	卡板、样板、金属直尺等
特殊性能钢	不锈钢	良好的耐蚀性	医疗器械、汽轮机叶片、吸收塔、耐腐蚀管道等
	耐热钢	高温下具有高抗氧化性和较高的强度	锅炉、加热炉内构件、燃气轮机燃烧室等
	耐磨钢	高耐磨性	车辆履带、破碎机牙板、铁路道岔、挖掘机铲斗等

可锻铸铁的性能介于灰铸铁和球磨铸铁之间,主要用于制造承受振动、截面较薄而形状较复杂的零件,如车辆的轮壳、万向节壳等,也可制造强度要求高的零件,如曲轴、连杆等。

2. 有色金属

有色金属是指黑色金属以外的金属,可分为轻金属、重金属、贵金属和稀有金属等,常见的有铝及铝合金、铜及铜合金、硬质合金等。

(1)铝及铝合金 纯铝是一种轻金属,具有良好的导电、导热性,加工工艺性能良好,适合冷、热变形加工,耐蚀性较好。纯铝强度很低,加入硅、铜、锰、锌和镁等元素后形成铝合金,其强度明显提高。铝合金按其成分和工艺性能可分为变形铝合金和铸造铝合金。

变形铝合金的塑性良好,可通过冷、热变形加工成板、棒、管、型材等产品,又可分为防锈铝合金、硬铝合金、超硬铝合金和锻铝合金等,其性能特点和典型应用见表 2-8。

表 2-8 铝合金的性能特点和典型应用

分类	性能特点	典型应用
防锈铝合金	塑性和焊接性能良好,耐蚀性强,强度不高	易拉罐、油箱、油管
硬铝合金	强度、硬度较高,但耐蚀性不如防锈铝合金	飞机的翼梁、螺旋桨叶片
超硬铝合金	强度高于硬铝合金,但耐蚀性较差	飞机大梁、飞机起落架、铆钉
锻铝合金	热塑性较好,强度与硬铝合金相近	内燃机活塞、叶轮、叶片

　　铸造铝合金的铸造性能良好，但塑性较差，不能塑性加工，多用于制造形状复杂、重量较轻、承载要求不高，有一定耐热、耐蚀要求的零件，如内燃机气缸、液压泵体、化油器和汽车铝轮圈等。

　　（2）铜及铜合金　纯铜是一种重金属，其导电、导热性好，强于铝，仅次于金和银，具有优良的耐蚀性，良好的加工性能，塑性较好，易于变形加工，可用于需要深度变形加工的零件。纯铜的强度较低，为提高其强度，常加入诸如硅、铝、锌、锡和镍等元素形成铜合金。按化学成分不同，可将铜合金分为黄铜、青铜、白铜三类。

　　黄铜是铜锌合金，按化学成分的不同，又分为普通黄铜和特殊黄铜。普通黄铜的强度和塑性与含锌量有关，锌的质量分数在35%以下的黄铜称为 α 黄铜，塑性较好；锌的质量分数在35%~46%范围内的黄铜称为（$\alpha+\beta$）两相黄铜，具有较高强度；锌的质量分数超过46%的黄铜称为 β 黄铜，强度和塑性都较差。特殊黄铜是在普通黄铜的基础上加入硅、锰、锡、铅和铝等，分别形成硅黄铜、锰黄铜、锡黄铜、铅黄铜和铝黄铜等，其强度、硬度等高于普通黄铜，并且具有良好的耐蚀性和铸造性能。

　　白铜是以镍为主要添加元素形成的铜合金，呈银白色，硬度高、延展性好、耐蚀性强，被广泛用于电器、仪表、医疗器械、造船、化工和工艺品等。

　　除黄铜、白铜外的所有铜合金都称为青铜，按添加元素的不同，可分为锡青铜、硅青铜、铝青铜和铍青铜等。青铜硬度大、塑性好，耐磨性、耐蚀性好，可用于铸造各种器具、机械零件、齿轮和轴承等。

二、金属材料的力学性能

　　金属材料的性能是其应用和加工的决定因素，金属材料的性能种类见表2-9，其中力学性能是机械制造领域选用材料的主要依据。

表 2-9　金属材料的性能种类

性能种类	主　要　指　标
力学性能	强度、塑性、硬度、冲击韧度和疲劳强度等
物理性能	密度、熔点、导热性、导电性和热膨胀性等
化学性能	耐蚀性、抗氧化性、化学稳定性等
工艺性能	铸造性能、锻造性能、焊接性能、切削加工性能和热处理工艺性能等

　　力学性能是指材料在各种载荷作用下表现出来的抵抗力。

1. 强度

　　强度是金属材料在载荷作用下抵抗塑性变形或断裂的能力。根据载荷作用方式不同，强度可分为抗拉强度（R_m）、抗压强度（R_{mc}）、抗弯强度（σ_{bb}）和抗剪强度（τ_b）等。一般情况下多以抗拉强度作为判断金属强度大小的指标。

　　抗拉强度指标是通过金属拉伸试验测定的。按照标准规定，把标准试样装夹在拉伸试验机上，然后对试样逐渐施加拉伸载荷，随载荷不断增加，试样逐渐产生变形而被拉长，直至被拉断。通过载荷值与变形量之间的变化关系，测出材料的抗拉强度。低碳钢等弹塑性材料的抗拉强度为屈服极限应力，铸铁等脆性材料的抗拉强度为强度极限应力。金属材料的极限应力即强度指标，是机械零件设计和选材的重要依据，机械零件在工作时，不允许产生明显的塑性变形。

2. 塑性

塑性是金属材料在载荷作用下产生塑性变形而不断裂的能力。金属材料塑性指标也是通过拉伸试验测定的，用断后伸长率 A 和断面收缩率 Z 来表示。断后伸长率和断面收缩率数值越大，表明金属材料的塑性越好。良好的塑性是轧制、锻造、拉拔和冲压等成形工艺的必要条件，也可避免机械零件在使用中因超载而发生突然断裂。

3. 硬度

硬度是指金属材料抵抗外物压入其表面的能力，是衡量金属材料软硬程度的指标。常用的硬度指标有布氏硬度（HBW）、洛氏硬度（HR）、维氏硬度（HV）等。

布氏硬度计主要用来测量灰铸铁、有色金属以及经退火、正火和调质处理的钢材等材料的硬度。布氏硬度计不适合用于测量薄件或成品的硬度。

洛氏硬度计采用 A、B、C 三种标度对不同硬度材料进行试验，硬度分别用 HRA、HRB、HRC 表示。HRA 主要用于测量硬质合金、表面淬火钢等；HRB 主要用于测量软钢、退火钢、铜合金等；HRC 主要用于测量一般淬火钢件。

维氏硬度适用于测定厚度为 $0.3\sim0.5mm$ 的薄层材料，或厚度为 $0.03\sim0.05mm$ 的表面硬化层的硬度。

4. 疲劳强度

许多机械零件，如轴、齿轮、轴承和弹簧等，在工作中承受的是交变载荷。在这种载荷作用下，虽然零件所受应力远低于材料的屈服极限应力，但在长期使用中会突然发生断裂，这种破坏现象称为疲劳断裂。

将金属材料经无限多次重复交变载荷作用而不发生断裂的最大应力定义为疲劳强度。工程上规定，将钢经受 10^7 次，有色金属经受 10^8 次交变应力作用下不发生破坏时的应力作为材料的疲劳强度。

金属材料的疲劳强度与其合金化学成分、内部组织及缺陷、表面划痕及零件截面突然改变等有关。为了提高零件的疲劳强度，设计和制造零件时，结构设计应避免应力集中，加工工艺应减少内部组织缺陷，还可以通过表面强化方法，如表面淬火、表面喷丸、表面抛光处理等来提高表面加工质量。

三、材料力学的任务

1. 材料力学的任务分析

各种机械和工程结构都是由若干个构件组成的。这些构件工作时都需承受力的作用，构件在规定的工作条件和使用寿命期间能正常工作，必须满足以下要求：

（1）足够的强度　构件的强度是构件在外力作用下抵抗破坏的能力。

（2）足够的刚度　构件的刚度是构件在外力作用下抵抗变形的能力。

（3）足够的稳定性　某些细长杆件（或薄壁构件）在轴向压力达到一定数值时，会失去原来的平衡形态而丧失工作能力，这种现象称为失稳。所谓稳定性是构件维持原有形态平衡的能力。

构件的强度、刚度和稳定性不但与所用材料的力学性能有关，还与构件的结构、截面形状及尺寸等因素有关。材料力学的任务是提供必要的理论基础、计算方法和试验技术，在保证构件满足强度、刚度和稳定性要求的前提下，经济合理地为构件选择适合的材料，确定截面形状与尺寸。

2. 构件的基本受力与变形形式

实际工程结构中，许多承力构件，如桥梁、汽车传动轴、机床立柱、工业机器人手臂等，其长度方向的尺寸远大于横截面尺寸，这一类的构件在材料力学中称作杆件。杆件在不同的外力作用下，将产生不同形式的变形。主要的受力和变形有如下几种：

（1）杆的轴向拉伸和压缩变形　当作用于杆件的外力合力的作用线与杆件的轴线重合时，杆将产生轴向拉伸或压缩变形，如图 2-39 所示。如紧固螺栓是受拉伸的杆件，建筑物中的支柱是受压缩的杆件。

（2）连接件的剪切变形　当大小相等、方向相反、作用线非常接近的两个力沿着垂直于轴线方向施加于杆件时，将产生剪切变形，如图 2-40 所示。其变形为杆件两部分沿中间截面 m—m 在作用力的方向上发生相对错动。工程结构中的许多连接件，如铆钉、螺栓、键和销等，受力后产生的主要变形为剪切变形。

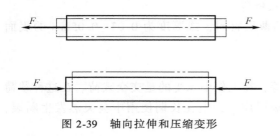

图 2-39　轴向拉伸和压缩变形

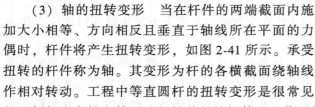

图 2-40　剪切变形

（3）轴的扭转变形　当在杆件的两端截面内施加大小相等、方向相反且垂直于轴线所在平面的力偶时，杆件将产生扭转变形，如图 2-41 所示。承受扭转的杆件称为轴。其变形为杆的各横截面绕轴线作相对转动。工程中等直圆杆的扭转变形是很常见的，例如汽车转向轴、油田钻井的钻杆等，工作时都承受扭转变形。

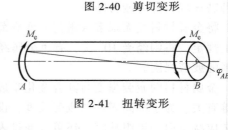

图 2-41　扭转变形

（4）梁的弯曲变形　当外力施加于杆的某个纵向平面内并垂直于杆的轴线，或者在某个纵向平面内施加力偶时，杆将发生弯曲变形，其轴线将由直线变成曲线，这种变形称为弯曲变形，如图 2-42 所示。如承受设备及起吊重量的桥式起重机的大梁，承受转子重量的电机轴等。

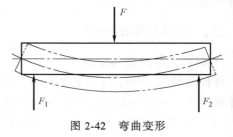

图 2-42　弯曲变形

第五节　计算机应用基础

20 世纪 90 年代以来，计算机技术作为科技的先导技术之一得到了飞跃式发展，超级并行计算机技术、高速网络技术、多媒体技术、人工智能技术等相互渗透，从而使计算机几乎渗透到人类生产和生活的各个领域，对工业和农业都有极其重要的影响。计算机具有自动运行程序、运算速度快、运算精度高、有记忆和逻辑判断能力，以及可靠性高、体积小、重量轻、耗电少、易操作维护、功能强、使用灵活和价格便宜的突出特点，在科学计算、数据处理、计算机辅助设计、过程控制、人工智能和计算机网络等方面得到广泛应用。

一、计算机系统的组成

当前计算机已发展成为一个庞大的家族，其中的每个成员尽管在规模、性能、结构和应用等方面存在着很大差别，但是它们的基本结构原理是相同的。计算机系统包括硬件系统和软件系统两大部分。其中，硬件系统由中央处理器（CPU）、内存储器、外存储器和输入/输出设备组成，软件系统分为系统软件和应用软件两大类。计算机通过执行程序而运行，计算机工作时，软件、硬件协同工作，两者缺一不可。计算机系统的组成框架如图 2-43 所示。

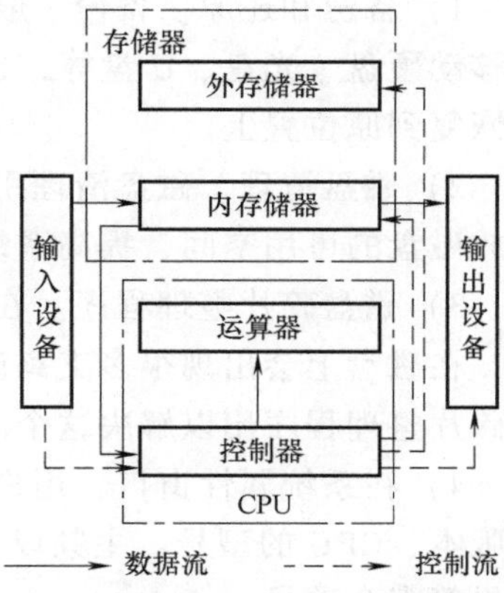

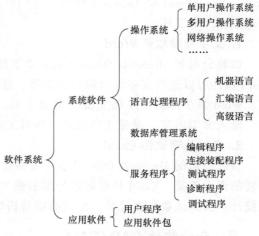

图 2-43 计算机系统的组成框架

1. 硬件系统的组成

硬件系统是构成计算机的物理装置，是计算机运行的物质基础，计算机的性能，如运算速度、存储容量、计算和可靠性等，很大程度上取决于硬件配置。

计算机的硬件可分为主机和外部设备两部分，主机由 CPU、内存储器、主板（总线系统）构成，外部设备由输入设备（如键盘、鼠标等）、外存储器（如光盘、硬盘、U 盘等）、输出设备（如显示器、打印机等）组成。

2. 软件系统的组成

软件系统是使用计算机所运行的全部程序的总称。软件是计算机的灵魂，是发挥计算机功能的关键。计算机软件在用户和计算机之间架起了桥梁，给用户的操作带来极大方便。计算机软件系统组成如图 2-44 所示。

图 2-44 计算机软件系统组成

二、计算机操作系统 Windows

1. Windows 操作系统

Windows 操作系统，是微软（Microsoft）公司于 1985 年推出的微机操作系统，经过数十年的发展，更新了十多个版本，其中 Windows 95、98、2000 和 Windows XP 在推出后曾广泛流行，目前 Windows 7 和 Windows 10 成为主流应用操作系统。Window 操作系统具有直观高效的面向对象的图形用户界面，操作简单，易学易用，用户界面统一、友好、美观，能进行多任务处理。

2. Windows 常用工具

（1）控制面板 通过控制面板，可以管理账户、进行个性化设置等操作。

Windows 操作系统有计算机管理员账户、标准账户和来宾账户三种账户类型。其中计算机管理员账户（默认：Administrator）有最高的管理权限，可装载/删除软件、修改/删除文件（夹）、创建、更改/删除管理员和标准账户以及开启/关闭来宾账户；标准账户由计算机管理员账户创建，可以执行管理员账户下几乎所有的操作，但是如果需执行影响该计算机其他用户的操作，则要求提供管理员账户的密码；来宾账户是为没有账户的人临时使用计算机而准备的，由计算机管理员账户来设置启用/关闭，拥有最小的使用权限。

（2）系统维护工具

1）备份和还原。备份一般是把硬盘中的数据内容和系统设置保存到移动存储设备上，如移动硬盘、光盘、U盘等，也可以是除C盘以外的其他硬盘分区，在需要时可将备份的数据恢复到原位置上。

2）磁盘清理。磁盘清理用来清理磁盘中存在的大量中间文件和无用的应用程序，以便释放磁盘的可用空间，提高系统的处理速度和整体性能。

3）磁盘碎片整理程序。在使用计算机过程中，由于频繁安装和卸载，建立和删除等操作，在磁盘上会出现很多支离破碎的文件，会导致计算机访问效率降低及整体性能下降。磁盘碎片整理程序用以解决这个问题。

4）在系统属性窗口，用户可以了解到一些系统信息，如计算机所用Windows操作系统的版本、CPU的型号、主频以及内存大小等基本信息。在高级系统设置中，可以设置视觉效果等多个项目。

三、办公自动化软件 Office

办公自动化软件以微软公司的Microsoft Office为主流应用软件，Office组件包括Word、Excel、PowerPoint和Access等模块，它们可分别完成文档处理、数据处理、制作演示文稿、管理数据库等工作。

1. 文字处理软件 Word

微软公司的Microsoft Office Word文字处理软件几乎成为现代办公必备的工具。使用Word软件可以进行文字编辑和图文混排，还能绘制基本图形和制作表格等。

Word是获得图文并茂文稿的得力工具，Word软件的基本操作包括新建文档、打开文档、输入文本内容、设置文字格式、编辑文档和保存文档等。

2. 表格处理软件 Excel

微软公司的Microsoft Office Excel表格处理软件，具有直观的界面、出色的计算功能和方便的图表工具。Excel具有数值处理的强大功能，其操作包括创建数表，数据填充、排列与统计，公式函数数据计算，生成数据分析模型，图表数据制作等。

四、专业软件 CAD/CAM

CAD/CAM技术即计算机辅助设计/计算机辅助制造技术。CAD指工程技术人员以计算机为辅助工具完成产品设计过程中的各项工作，如草图绘制、零件设计、装配设计和工程分析等，以达到提高产品设计质量、缩短产品开发周期、降低产品成本的目的。CAM有广义和狭义两种定义，广义CAM是指借助计算机完成从生产准备到产品面市过程中的各项活动，包括工艺过程设计（CAPP）、工装设计、计算机辅助数控加工编程（狭义CAM）、生产作业计划、制造过程控制、质量检测与分析等。

不同的 CAD/CAM 软件产品具有不同的功能、效率、以及方便程度。目前市场上 CAD/CAM 软件产品主要有以下几种。

1. CATIA 软件

CATIA 软件是由法国达索飞机制造公司（DASSAULT）和美国 IBM 公司开发的 CAD/CAM 软件产品。CATIA 起源于航空工业，随着从工作站平台移植到个人计算机，在短时间内被推广到其他产业。现今 CATIA 在航空制造业、汽车制造业、通用机械制造业和教育科研单位拥有大量用户。

作为世界领先的 CAD/CAM 软件，CATIA 可以帮助用户完成大到飞机小到螺钉的设计及制造，它提供了完备的设计能力，从 2D 到 3D 再到技术指标化建模，同时，作为一个完全集成化的软件系统，CATIA 采用特征造型和参数化造型技术，允许自动指定或由用户指定参数化设计、几何或功能化约束的变量式设计，将机械设计、工程分析及仿真和加工等功能有机地结合，为用户提供严密的无纸工作环境，从而达到缩短设计生产时间、提高加工质量及降低费用的效果。CATIA 软件具有强大的自由曲面功能，是其显著优势。

2. Pro/Engineer 软件

Pro/Engineer 软件是美国 PTC 公司推出的 CAD/CAM 软件，它是一个集成化的软件，功能强大，可以进行零件设计、产品装配、数控加工、钣金件设计、模具设计、机构分析、有限元分析和产品数据库管理、应力分析、逆向造型优化设计等。

3. UG NX 软件

UG NX 软件起源于美国麦道飞机公司，目前是德国西门子自动化与驱动集团（A&D）旗下产品之一。在 UG NX 软件问世初期，美国通用汽车公司是其最大用户。UG NX 软件现已广泛地应用于通用机械、模具、汽车及航天等领域。UG NX 软件已成为我国工业界主要使用的大型 CAD/CAM 软件之一。

4. Mastercam 软件

Mastercam 软件是美国 CNC Software, Inc. 开发的集计算机辅助设计和制造功能于一体的软件。它的 CAD 模块不仅可以绘制二维和三维零件图形，也能在 CAM 模块中对被加工零件直接编制刀具路径和数控加工程序。它主要应用于加工中心、数控铣床、数控车床、线切割和雕刻机等数控加工设备。由于该软件的性价比好，而且学习使用比较方便，因此被许多中小型企业所接受。

5. CAXA 软件

CAXA 软件是我国制造业信息化 CAD/CAM 领域研发的拥有自主知识产权软件的优秀代表和知名品牌。CAXA-ME 集成了数据接口、几何造型、加工轨迹生成、加工过程仿真检验、数控加工代码生成、加工工艺清单生成等一整套面向复杂零件和模具的数控编程功能。目前，CAXA-ME 已广泛应用于注塑模、锻模、汽车覆盖件拉伸模、压铸模等复杂模具的生产，以及汽车、电子、兵器和航空航天等行业的精密零件加工。

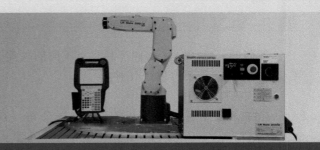

第三单元

机械制造工艺

学习目标

1. 具备钳工工艺知识，掌握其应用方法
2. 具备热处理工艺知识，了解热加工在机械零件制造中的应用
3. 具备机械加工知识，明确其应用特点
4. 具备机械制造工艺知识，了解模具制造流程

第一节　钳　工　工　艺

钳工是机械制造中传统的金属加工技术，主要有划线、锯切、锉削、钻削、铰削、刮削、研磨、攻螺纹和套螺纹等手工作业。目前虽然各种机床已经普及，实现了机械化和自动化加工，但是钳工仍是广泛应用的基本技术，在精密加工、检验及修配作业中发挥作用。

一、划线

划线是钳工根据加工图样和技术要求，用划线工具在工件待加工部位划出加工轮廓线或作为基准的点、线的操作方法。

1. 划线的作用

划线的作用是明确工件的加工余量，作为工件加工或装配依据。划线最重要的是保证尺寸准确，划线精度一般为 0.1~0.3mm。

划线分平面划线和立体划线两种。只需在工件的一个表面上划线即能明确表示加工界线的，称为平面划线；需要在工件的几个互成不同角度的表面上划线才能明确表示加工界线的，称为立体划线。

2. 划线基准的选择

划线基准是指划线时在工件上选择作为依据的点、线、面，用它来确定工件的各部分尺寸、几何形状及工件上各要素的相对位置。划线基准应与零件加工图样的设计基准一致，并且划线时必须先从基准开始，然后再依此基准划出其他形面的位置线及形状线，使划线方便、准确、快捷。

划线基准一般有以下三种选择，即以两个互相垂直的平面（或线）为划线基准，以两条互相垂直中心线为划线基准，以一个平面和与它垂直的一条中心线为划线基准，如图 3-1 所示。

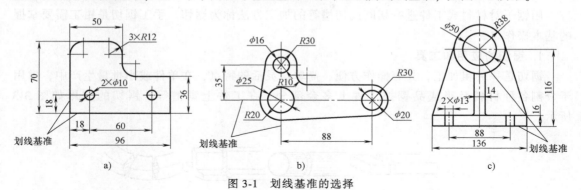

图 3-1　划线基准的选择

3. 划线工具

常用划线工具很多，主要有划线平板、万能分度头、V 形铁、划针盘、游标高度卡尺、直角尺、游标万能角度尺、金属直尺、划针、划规、样冲、锤子、方箱、角铁、千斤顶等。部分工具如图 3-2 所示。

| a) 划线平板 | b) 万能分度头 | c) V形铁 |

d) 划针盘　　e) 游标高度卡尺　　f) 直角尺　　g) 游标万能角度尺

h) 钢直尺　　i) 划针　　j) 划规　　k) 样冲

图 3-2　部分划线工具

二、锯切

用锯子对材料或工件进行切断或切槽等的加工方法称为锯切。手工锯切是钳工需要掌握的基本操作之一。

1. 锯切的应用和工具

锯切是一种粗加工，具有操作方便、简单、灵活的特点，在单件或小批量生产中，常用于分割各种材料及半成品锯掉工件上多余部分，在工件上锯槽等。锯切的应用如图 3-3 所示。

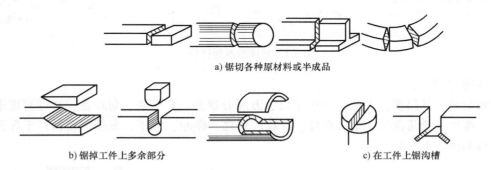

a) 锯切各种原材料或半成品

b) 锯掉工件上多余部分　　　　c) 在工件上锯沟槽

图 3-3　锯切的应用

手锯由锯弓和锯条组成。锯条用碳素工具钢或合金工具钢冷轧而成，并经热处理淬硬。

2. 锯切的操作要点

（1）锯条的安装　安装锯条应将锯齿向前，前推时进行切削。锯条松紧要适当，太紧了锯条容易崩断；太松会使锯条扭曲，锯缝歪斜，锯条也容易崩断。

（2）锯切姿势　姿势正确，压力和速度适当。一般起锯角以 15°为宜，锯切速度为 40 次/min 左右，如图 3-4 所示。

三、锉削

用锉刀对工件表面进行切削的加工方法称为锉削。锉削一般是在錾、锯之后对工件进行精度较高的加工，其精度可达到 0.01mm，表面粗糙度可达到 $Ra0.8\mu m$。锉削是钳工的一项重要基本操作，尽管它的效率不高，但

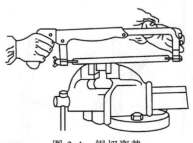

图 3-4　锯切姿势

在工业生产中应用很广。如用于成型样板、模具型腔、机器装配时的工件修整，以及手工去毛刺、倒角、倒圆等一些不易用机械加工方法来完成的表面加工。

1. 锉刀的种类

锉刀用高碳工具钢制成，经热处理后硬度可达到 62~72HRC。锉刀由锉身和锉柄两部分组成，按用途可分为钳工锉、异形锉和整形锉三类。

（1）钳工锉　钳工锉按其截面形状可分为平锉、半圆锉、方锉、圆锉及三角锉五种。钳工锉的种类及其应用如图 3-5 所示。

（2）异形锉　异形锉用来锉削工件上的特殊表面，如图 3-6 所示。

（3）整形锉　整形锉，又称什锦锉，主要用于精细加工及修整工件上难以机械加工的细小部位。它由若干把各种截面形状的锉刀组成一套，如图3-7所示。

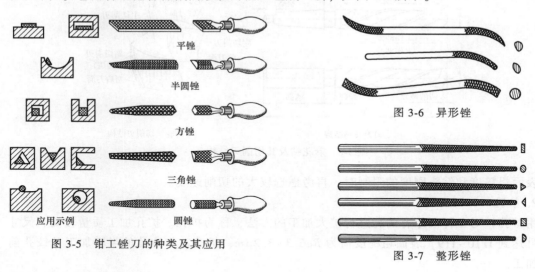

平锉

半圆锉

方锉

三角锉

应用示例　　　　圆锉

图 3-5　钳工锉刀的种类及其应用

图 3-6　异形锉

图 3-7　整形锉

2. 锉刀的选择

锉刀选用是否合理，对工件加工质量、工作效率和锉刀寿命都有很大影响。通常应根据工件的表面形状、尺寸精度、材料性质、加工余量以及表面粗糙度等要求来选用。

锉刀断面形状及尺寸应与工件被加工表面形状与大小相适应。一般粗锉刀用于锉削铜、铝等软金属，以及加工余量大、精度低和表面粗糙的工件；细锉刀用于锉削钢、铸铁，以及加工余量小、精度要求高和表面粗糙度数值较低的工件；油光锉用于最后修光工件表面。

四、孔加工

孔加工的方法主要有两类，一类是用标准麻花钻头在实体材料上加工出孔，另一类是用扩孔钻、锪钻和铰刀等刀具对工件上已有孔进行再加工。

1. 钻孔

钻孔是指用钻孔刀具在实体材料上加工出孔的操作。钻削加工精度低，属于粗加工，常用设备有台式钻床、立式钻床、摇臂钻床、手电钻和气动钻等。

（1）麻花钻　麻花钻一般用高速钢制成，热处理淬硬至 62~68HRC，其结构分为柄部、颈部和工作部分三段。麻花钻结构及其切削刃结构如图3-8所示。钻削过程中，钻头处于半封闭状态下工作，摩擦严重，散热困难。通常注入切削液冷却，以延长钻头寿命和提高切削性能。

（2）钻削用量的选择　钻削用量是指在钻削过程中，切削速度、进给量、背吃刀量的总称。钻孔时由于背吃刀量已由钻头直径确定，所以只需选择切削速度和进给量。

选择钻削用量时，应根据钻头直径、钻头材料、工件材料、加工精度及表面粗糙度等方面的情况和要求来合理选用。在对钻孔生产率的影响方面，切削速度和进给量是相同的；在对钻头寿命的影响方面，切削速度比进给量大；在对孔的表面粗糙度的影响方面，进给量比切削速度大。因此，钻削用量的选用原则是：在允许范围内，先选较大的进给量，当进给量

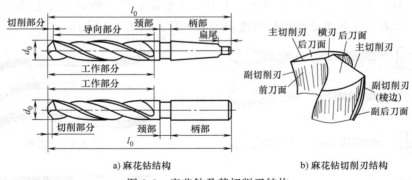

a) 麻花钻结构   b) 麻花钻切削刃结构

图 3-8　麻花钻及其切削刃结构

受到表面粗糙度和钻头刚度的限制时，再考虑选较大的切削速度。

2. 扩孔

用扩孔钻对工件上原有的孔进行扩大加工的方法，称为扩孔。扩孔加工质量较高，尺寸精度可达到 IT10～IT9，表面粗糙度值为 $Ra6.3～3.2\mu m$，扩孔常作为孔的半精加工及铰孔前的预加工。

扩孔钻强度高、齿数多，导向性好、切削稳定，可选择较大切削用量。扩孔进给量一般为钻孔时的 1.5～2 倍，切削速度约为钻孔时的 1/2。

3. 锪孔

用锪钻在孔口表面加工出一定形状的孔或表面的方法，称为锪削。锪（读作 huō）孔可分为锪圆柱形沉孔、圆锥形沉孔、锪凸台平面等几种形式，如图 3-9 所示。锪孔时的进给量为钻孔时的 2～3 倍，切削速度为钻孔时的 1/3～1/2。锪钢件时应在切削表面加切削液润滑。

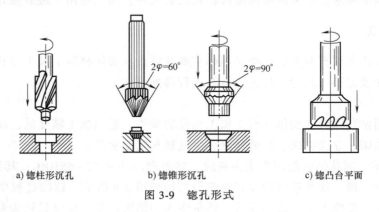

a) 锪柱形沉孔   b) 锪锥形沉孔   c) 锪凸台平面

图 3-9　锪孔形式

4. 铰孔

用铰刀从工件孔壁上切除微量金属层，以获得较高尺寸精度和较小表面粗糙度值的方法，称为铰孔。铰刀是精度较高的多刃刀具，具有切削余量小、导向性好、加工精度高等特点，尺寸精度可达到 IT9～IT7 级，表面粗糙度值可达到 $Ra3.2～0.8\mu m$。

铰孔操作手铰时，两手用力应平衡、均匀、稳定，以免在孔的进口处出现喇叭孔或孔径扩大。进给时应一边旋转，一边轻轻加压，不可猛力推压铰刀，避免孔表面粗糙。铰孔时不论进刀还是退刀都不能反转，以防止刃口磨钝及切屑卡在刀齿后面与孔壁之间，将孔壁划伤。机铰时应将工件一次装夹进行钻、扩、铰，以保证孔的加工位置准确。铰孔完成后，需待铰刀退出后再停机，以防将孔壁拉出划痕。铰孔操作如图3-10所示。

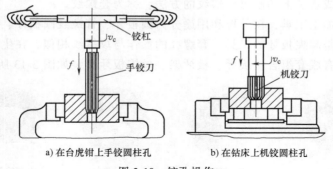

a) 在台虎钳上手铰圆柱孔　　　　　b) 在钻床上机铰圆柱孔

图 3-10　铰孔操作

5. 攻螺纹

用工具丝锥在孔中切削加工内螺纹的方法，称为攻螺纹。

丝锥是用高速钢制成的一种成形多刃刀具，结构分为柄部和工作部分，如图3-11所示。柄部是攻螺纹时被夹持的部分，起传递力矩的作用。工作部分由切削部分和校准部分组成，切削部分起切削作用。校准部分有完整的牙形，用来修光和校准已切出的螺纹，并引导丝锥沿轴向前进。

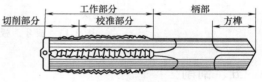

图 3-11　丝锥的结构

丝锥有手用丝锥、机用丝锥、管螺纹丝锥和挤压丝锥等种类。手工攻螺纹时，铰杠是用来夹持丝锥的工具，铰杠有可调式普通铰杠和可调式丁字铰杠两种，如图3-12所示。

a) 可调式普通铰杠　　　　　　　b) 可调式丁字铰杠

图 3-12　铰杠种类

攻螺纹的操作要点：

1）攻螺纹前螺纹底孔口需要倒角，通孔螺纹两端孔口都需要倒角，使丝锥易切入并防止攻螺纹后孔口的螺纹崩裂。攻通孔螺纹时，丝锥校准部分不应全部攻出头，避免扩大或损坏孔口最后几牙螺纹。

2）开始攻螺纹时应把丝锥放正，保持丝锥中心与孔中心线重合，不能歪斜。当切削部分切入工件1~2圈时，用目测或角尺检查和校正丝锥与工件表面的垂直度。当切削部分全部切入工件时，应停止对丝锥施加压力，只须平稳地转动铰杠靠丝锥上的螺纹自然旋进，并间断性地倒转1/4~1/2圈进行断屑和排屑。

3）丝锥退出时，应先用铰杠带动螺纹平稳地反向转动，然后用手直接旋动丝锥，避免铰杠带动丝锥退出时的振动破坏螺纹表面粗糙度。

6. 套螺纹

用板牙在圆杆或管子上切削出外螺纹的方法，称为套螺纹。

板牙是套螺纹加工工具，按外形和用途分为圆板牙、管螺纹圆板牙、六角板牙和硬质合金板牙等。板牙架是装夹板牙的工具。套螺纹的操作与攻螺纹相似，在生产中为了方便配合使用，丝锥与板牙有成套组合。板牙、板牙架、丝锥板牙套装如图3-13所示。

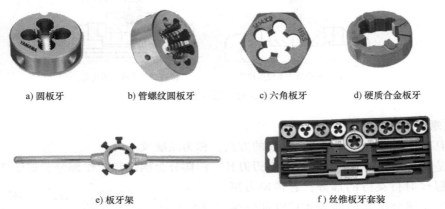

a) 圆板牙　　　　b) 管螺纹圆板牙　　　　c) 六角板牙　　　　d) 硬质合金板牙

e) 板牙架　　　　　　　　　　　　f) 丝锥板牙套装

图 3-13　板牙、板牙架、丝锥板牙套装

五、刮削

利用刮刀刮去工件表面金属薄层的钳工作业，称为刮削。刮削能获得很高的几何精度和尺寸精度，并使工件表面组织紧密且表面粗糙度小。刮削是机械制造和修理中最终精加工各种形面，如机床导轨面、连接面、轴瓦和配合球面等的一种重要方法。

图 3-14　平面刮削和曲面刮削

刮削可分为平面刮削和曲面刮削两种，如图3-14所示。刮削一般需经过粗刮、细刮、精刮和刮花等过程。平面刮削过程及要求见表3-1。

刮削工具包括刮刀、涂色剂、校准工具等。刮刀刀头采用碳素工具钢，刀身用中碳钢，通过焊接或机械装夹组成。刮削涂色剂常用红丹粉和蓝油，涂抹在标准工具上或工件上，二者对研，凸起处就被着色成为研点，即为刮削部位。红丹粉常用于铸铁和钢工件的涂色。蓝油常用于精密工件和有色金属，如对铜合金、铝合金工件的涂色。常用的校准工具有标准平板、校准角尺和百分表等。

刮削精度一般检验接触精度、几何精度和尺寸精度，如图3-15所示。

表 3-1 平面刮削过程及要求

过程	目的	方法	研点数
粗刮	用粗刮刀在刮削表面上均匀地铲去一层较厚的金属。目的是去余量、去锈斑、去刀痕	连续推铲法，刀迹连成长片	2~3 点
细刮	用细刮刀在刮削面上刮去稀疏的大块研点（俗称破点），以进一步改善不平现象	短刮法，刀痕宽而短。随着研点的增多，刀迹逐步缩短	12~15 点
精刮	用精刮刀更仔细地刮削研点（俗称摘点），以增加研点，改善表面质量，使刮削面符合精度要求	点刮法，刀迹长度约为 5mm。刮面越窄小，精度要求越高，刀迹越短	大于 20 点
刮花	在刮削面或机器外观表面刮出装饰性花纹，既使刮削面美观，又改善了润滑条件		

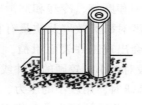

a) 接触精度   b) 几何精度   c) 尺寸精度

图 3-15 刮削精度的检查

六、研磨与抛光

研磨和抛光是以降低零件表面粗糙度，提高表面形状精度和增加表面光泽为主要目的的加工，也称为光整加工。在实际生产中，如模具的型腔、成形表面的精加工往往采用电火花成形加工和电火花线切割加工，电加工之后在成形表面会形成带有缺陷的变质层，具有规则几何形状的零件的变质层可以采用高精度的坐标磨削加工去除，而大部分零件需要通过研磨和抛光去除变质层，以保证成形表面的精度和表面粗糙度要求。因此，光整加工主要用于模具的成形表面，它对于提高模具寿命和几何精度具有重要作用。

1. 研磨

研磨是使用研具、游离磨料对被加工表面进行微量加工，使工件表面获得精确的尺寸、形状、极小的表面粗糙度的精加工方法。在被加工表面和研具之间置以游离磨料和润滑剂，使被加工表面和研具之间产生相对运动并施以一定压力，磨料产生切削、挤压等作用，从而去除表面凸起处，使被加工表面精度提高、表面粗糙度降低。经研磨后的零件的配合精度、疲劳强度、表面的耐磨性、耐蚀能力得到提高，从而改善机械效能，延长工件使用寿命。研磨加工如图 3-16 所示。

（1）研磨的作用

1）微切削作用。在研具和被加工表面作研磨运动时，在一定压力下，对被加工表面进行微量切削。在不同加工条件下，微量切削的形式不同。当研具硬度较低、研磨压力较大时，磨粒可镶嵌到研具上，产生刮削作用。这

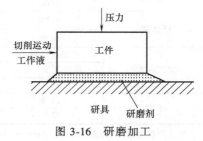

图 3-16 研磨加工

种方式有较高的研磨效率。当研具硬度较高时，磨粒不能嵌入研具，磨粒在研具和被加工表面之间滚动，以其锐利的尖角进行微切削。

2）挤压塑性变形。钝化了的磨粒在研磨压力作用下，挤压被加工表面的粗糙凸峰，在塑性变形和流动中使凸峰趋向平缓和光滑，使被加工表面产生微挤压塑性变形。

3）化学作用。当采用氧化铬、硬脂酸等研磨剂时，研磨剂和被加工表面产生化学作用，形成一层极薄的氧化膜，这层氧化膜很容易被磨掉，而又不损伤材料基体。在研磨过程中，氧化膜不断迅速形成，又很快被磨掉，此循环加快了研磨过程，使被加工表面的表面粗糙度降低。

（2）研磨的工艺 研磨工具包括研具和研磨剂。研具一般有槽平板、光滑平板、研磨环和研磨棒等种类，研具材料的硬度应比被研磨工件低，组织细致均匀，具有较高的耐磨性和稳定性，有较好的嵌存磨料的性能，常用的研磨材料有灰铸铁、软钢、铜等。研磨剂的磨料在研磨中起切削作用，研磨液起调和磨料、冷却和润滑的作用。

研磨过程中，研磨的压力和速度对研磨效率及质量有很大影响。压力大、速度快，则研磨效率高。但若压力、速度太大，会出现工件表面粗糙，工件发热变形，甚至会发生因磨料压碎而使工件表面划伤的情况。一般对较小、较硬的工件或粗研磨时，用较大的压力、较慢的速度研磨；对较大、较软的工件或精研时，用较小的压力、较快的速度研磨。在研磨中应防止工件发热变形，并及时清洁防止表面拉伤，研磨后及时将工件清洗干净并采取防锈措施。

2. 抛光

抛光是一种与研磨类似，且比研磨更细微磨削的精密加工方法。抛光的作用是进一步降低表面粗糙度，并获得光滑表面，但不提高表面的形状精度和位置精度。模具成形表面的最终加工大部分都需要进行研磨和抛光。研磨和抛光后的零件尺寸精度可达到 0.001mm ~ 0.005mm，表面粗糙度 Ra 值可达到 0.012μm。研磨和抛光的加工要素见表 3-2。

表 3-2 研磨和抛光的加工要素

项 目		内 容
加工方式	驱动方式	手动、机动、数字控制
	运动形式	回转、往复
	加工面数	单面、双面
研具	材料	硬质(淬火钢、铸铁)、软质(木材、塑料)
	表面状态	平滑、沟槽、孔穴
	形状	平面、圆柱面、球面和成形面
磨料	材料	金属氧化物、金属碳化物、氮化物和硼化物
	粒度	数十微米至 0.01μm
	材质	硬度、韧性
研磨液	种类	油性、水性
	作用	冷却、润滑、活性化学作用
加工参数	相对运动	1 ~ 100m/min
	压力	0.001 ~ 3.0MPa
	时间	视加工条件而定
环境	温度	超精密型(20±1)℃
	净化	超精密型(工作间净化等级 1000 ~ 100 级)

注：净化等级为 1000 ~ 100 级（100 级指每立方米空气中所含粒径大于或等于 0.1μm 的微粒数不超过 100 个）。

七、钳工操作安全知识

安全生产人人有责，对于一名技术工人而言，安全工作是首要任务，需要明确安全生产基本规范要求，并落实到工作行动中。

1. 钳工场地的要求

钳工的工作场地是供一人或多人进行钳工操作的地点。对钳工工作场地的要求有以下几个方面：

（1）主要设备的布局应合理恰当　钳工工作台应放在光线适宜、工作方便的地方。面对面使用钳工工作台时，应在两个工作台中间安置安全网。砂轮机和钻床应设置在场地边缘，以保证安全。

（2）正确摆放毛坯和工件　毛坯和工件应分别摆放整齐、平稳，并尽量放在搁架上。

（3）合理摆放工具、夹具和量具　常用工具、夹具和量具应放在工作位置附近，便于随时取用，不应任意堆放。工具、夹具和量具用后应及时清理、维护和保养并且妥善放置。

（4）工作场地应保持清洁　工作完毕后应对设备进行清理、润滑、保养，并及时清扫场地。

2. 钳工安全文明生产要求

1）工作前必须将工作服穿戴整齐，衣扣扣好，袖口扎紧。

2）工作前应严格检查工具是否完整、可靠，工具、量具应排放整齐。

3）工作前应严格检查工作场地的安全设施是否齐备、牢固。工作场地要清洁、整齐。

4）不能使用錾子或锤子直接打击已加工的工件，需要时需用木板或软金属垫着打击。

5）使用大锤、锤子时应检查锤头是否牢固，打锤时严禁戴手套，前后严禁站人。

6）严禁将手伸入两件工件连接的孔内，以防工件移位挤伤手指。

7）使用手锯、锉刀、刮刀时应精力集中，掌握正确的操作方法，工件必须装夹牢固，严禁用嘴吹、手摸铁屑，应使用专用工具清扫。

8）使用活扳手时，开口应适当，不得用力过猛，250mm 尺寸以下的不得加套管，以防损坏工具。

9）在同一工作台两边錾削工件时，中间应放防护网，单面工作台应有一面靠墙，工作台上不得放置任何杂物。

10）使用手持电动工具时，应检查是否有漏电现象，工作时应接上剩余电流断路器，并且注意保护导电软线，避免发生触电事故，使用电钻时严禁戴手套工作。

11）电气设备故障修理必须找维修电工，严禁擅自将插座、插头拆卸不用，严禁将电线直接插入插座内使用。

12）设备试机前，必须详细检查各转动部件、电气部件是否符合安装要求，并对在场人员发出警示，然后按说明书要求试机。

13）钻孔和使用砂轮机时严禁戴手套操作。

14）使用油类和易燃物时，严禁烟火，工作结束后及时清理现场。

第二节　热加工工艺

通常把金属铸造、锻造、焊接和金属热处理等工艺称为热加工。热加工在金属成形、改变金属组织状态以改善零件的力学性能方面具有重要作用。

一、钢的热处理

钢的热处理是将钢在固态下进行加热、保温和冷却，以改变其内部组织，从而获得所需要性能的一种工艺方法。钢的热处理不仅可改进钢的加工工艺性能，更重要的是能充分发挥钢材的潜力，提高钢的使用性能，节约成本，延长工件的使用寿命。钢的热处理方法主要有退火、正火、淬火、回火和表面热处理等。

1. 钢的退火

退火是将钢件加热到适当温度，保温一定时间，随后缓慢冷却以获得接近平衡状态组织的热处理工艺。

退火的主要目的是降低或调整硬度以便于切削加工；消除或降低残余应力，以防变形、开裂；细化晶粒、改善组织、提高力学性能，并为最终热处理作好组织准备。生产中常用的退火种类有完全退火、球化退火和去应力退火等。

完全退火是把钢加热到完全奥氏体化，保温后随之缓慢冷却的退火工艺。完全退火常用于碳的质量分数小于 0.8% 的碳素钢，45 钢完全退火时的加热温度为 840~860℃。对于碳的质量分数大于 0.8% 的碳素工具钢、合金工具钢、轴承钢等常采用球化退火，能使钢中碳化物球状（或颗粒状）化，碳素工具钢球化退火的加热温度为 760~780℃。去应力退火时不改变钢的内部组织，只是为了消除或降低内应力，其加热温度较低（一般为 500~600℃）。

2. 钢的正火

正火是将钢件加热到铁碳相图 A_{c3}（或 A_{ccm}）线以上 30~50℃，保温适当的时间后，在静止的空气中冷却的热处理工艺。

正火的冷却速度比退火冷却速度要快，所以能获得较细的组织和较高的力学性能，而且生产周期较退火短。低碳钢可通过正火处理提高强度和硬度，以改善切削加工性能；中碳钢进行正火处理可直接用于性能要求不高零件的最终热处理或代替完全退火；对于碳的质量分数大于 0.8% 的钢，可用正火消除二次网状渗碳体。

3. 钢的淬火

淬火为将钢件加热到铁碳相图 A_{c1}（或 A_{c3}）线以上 30~50℃，保温一定的时间，然后以大于临界冷却速度冷却以获得马氏体或贝氏体组织的热处理工艺。其主要目的是获得马氏体，提高钢的硬度和耐磨性，是强化钢材最重要的工艺方法。淬火质量取决于加热温度、保温时间和冷却速度。

淬火加热温度取决于钢的成分，亚共析钢的淬火加热温度在 A_{c3} 线以上 30~50℃，共析钢和过共析钢的淬火加热温度在 A_{c1} 线以上 30~50℃。

淬火冷却速度取决于淬火冷却介质及冷却方法。为了获得马氏体组织，工件在淬火冷却介质中的冷却速度必须大于其临界冷却速度。但冷却速度过大，会增大工件淬火内应力，引起工件变形甚至开裂。为了减小淬火内应力，防止工件淬火变形甚至开裂，在保证获得马氏体组织的前提下，应选用冷却能力弱的淬火冷却介质。碳素钢常用水溶液作淬火冷却介质，合金钢常用油作淬火冷却介质，一些新型淬火冷却介质也被广泛使用。

4. 钢的回火

回火与淬火配合进行，工件淬火后通常获得马氏体加残留奥氏体组织，这种组织不稳定，存在很大的内应力，因此必须回火。回火不仅能消除应力，稳定工件尺寸，而且能获得良好的性能组合。

钢件淬火后，再加热到 A_{c1} 点以下某一温度，保温一定时间后冷却到室温的热处理工艺，称为回火。一般淬火件（除等温淬火外）必须经过回火才能使用。根据不同的回火温度，回火分为低温回火、中温回火和高温回火。

（1）低温回火　低温回火（150～250℃）后的组织为回火马氏体，硬度一般为 58～64HRC，主要用于高碳钢或高碳合金钢的刃具、量具、模具、轴承以及渗碳钢淬火后的回火处理。其目的是降低淬火应力和脆性，保持钢淬火后的高硬度和耐磨性。

（2）中温回火　中温回火（350～500℃）后的组织为回火托氏体，硬度为 35～45HRC，主要用于各种弹簧和模具的回火处理。其目的是保证钢的高弹性极限和高的屈服点、良好的韧性和较高的硬度。

（3）高温回火　高温回火（500～650℃）后的组织为回火索氏体，硬度为 28～33HRC，主要用于各种重要的结构件，特别是交变载荷下工作的连杆、螺柱、齿轮和轴类工件，也可用于量具、模具等精密零件的预备热处理。其主要目的是获得强度、塑性和韧性均较好的综合力学性能。通常将钢件淬火加高温回火的复合热处理工艺称为调质。

5. 钢的表面热处理

（1）钢的表面淬火　表面淬火是一种不改变表层化学成分，而改变表层组织的局部热处理方法。它利用快速加热使钢件表层迅速达到淬火温度，不等热量传到钢件心部就立即淬火冷却，从而使其表层获得马氏体组织，心部仍为原始组织。常用的有感应淬火和火焰淬火。感应加热表面淬火加热速度快，操作迅速，生产效率高，淬火后晶粒细小，力学性能好，不易产生变形及氧化脱碳。火焰淬火具有设备简单，淬火速度快，变形小等优点，适用于单件或小批量生产的大型零件和需要局部淬火的工具或零件，如大型轴、齿轮、轨道和车轮等，由于零件表面有不同程度的过热，淬火质量把控较难，因而使用上有一定的局限性。

（2）钢的化学热处理　化学热处理是将工件置于一定温度的活性介质中保温，使一种或几种元素渗入它的表层，以改变其化学成分、组织和性能的热处理工艺。常用的化学热处理有渗碳、渗氮和碳氮共渗等。

钢的渗碳是为了增加钢件表层的碳含量和一定的碳含量梯度，将钢件在渗碳介质中加热并保温，使碳原子渗入表面层的化学热处理工艺。渗碳的主要目的是提高钢件表层的碳含量和一定的碳含量梯度，然后经淬火和低温回火，使工件的表面获得高硬度、高耐磨性，而心部的碳含量低，具有良好的塑性和韧性。进行渗碳热处理的钢通常为低碳钢或低碳合金钢，主要牌号有 15、20、20Cr、20CrMnTi 等。渗碳热处理时的加热温度为 900～950℃，保温时间越长，则渗碳层厚度越厚。渗碳淬火后钢的表面硬度可达到 60HRC 以上。渗碳热处理适用于表面要求高硬度、高耐磨性，而心部要求高韧性的零件，如表面易磨损且承受较大冲击载荷的齿轮轴、齿轮、活塞销和凸轮等。

钢的渗氮是在一定温度下（一般在钢的临界点温度以下）使活性氮原子渗入钢件表面

的化学热处理工艺。其目的在于提高工件的表面硬度、耐磨性、疲劳强度、耐蚀性及热硬性。与渗碳相比，渗氮温度大大低于渗碳温度，工件变形小，渗氮层的硬度、耐磨性、疲劳强度、耐蚀性及热硬性均高于渗碳层。但渗氮层比渗碳层薄而脆，渗氮处理时间比渗碳长得多，生产效率低。渗氮处理常用于受冲击力不大的耐磨件，如精密机床主轴、镗床镗杆、精密丝杠、排气阀和高速精密齿轮等。

碳氮共渗是在一定温度下同时将碳、氮渗入工件表层奥氏体中并以渗碳为主的化学热处理工艺。在生产中主要采用气体碳氮共渗。碳氮共渗后，进行淬火加低温回火。共渗层比渗碳层有较高的压应力，因而有更高的疲劳强度，耐蚀性也较好。与渗碳工艺相比，碳氮共渗工艺具有时间短、生产效率高、表面硬度高、变形小等优点，但共渗层较薄，主要用于形状复杂、要求变形小的小型耐磨零件。

二、铸造

铸造是将液态金属浇注到一定形状的铸模里，冷却凝固成形后得到所需形状和性能的零件或毛坯的方法。铸造工艺成本低，适应性强，可以获得复杂形状和大型的铸件，在机械制造中占有很大的比例，但铸件尺寸精度较低，通常需要再经过切削加工才能制成机械零件。

随着对铸造质量、铸造精度、铸造成本和铸造自动化等要求的提高，铸造技术向着精密化、大型化、高质量、自动化和清洁化的方向发展，精密铸造、连续铸造、特种铸造、铸造自动化和铸造成形模拟技术等铸造技术得到广泛应用。

1. 常用铸造方法

常用的铸造金属材料有铸铁、铸钢、铸铜（黄铜、锡青铜）、铸铝等。铸造工艺按铸模所用材料及浇注方式可分为砂型铸造和特种铸造。

（1）砂型铸造 砂型铸造是一种以砂、黏结剂作为主要造型材料，型砂成形的传统铸造工艺。砂型铸造的适应性好，应用广泛，在小批量及大件生产中，低成本优势突出。砂型铸造用的模具，以前多为木模，现在较多使用尺寸精度较高，并且使用寿命较长的铝合金模具或树脂模具。砂型的耐火度较高，因而铜合金和黑色金属等熔点较高的材料多采用这种工艺。砂型铸造的主要不足是砂质铸型只能使用一次，所以生产效率较低，铸件尺寸精度较低，表面较粗糙。

（2）特种铸造 特种铸造工艺有金属型铸造、熔模铸造、压力铸造以及离心铸造等，是有色金属铸造中最常用也是相对价格最低的铸造工艺。

金属型铸造是用金属（耐热合金钢、球墨铸铁、耐热铸铁等）制作的铸造用中空铸型模具的现代工艺。金属型的铸型模具能反复多次使用，寿命长，生产效率高。金属型的铸件尺寸精度好，表面光洁，而且在浇注相同金属液的情况下，其铸件强度要比砂型的更高。因此，在大批量生产有色金属的中、小铸件时，只要铸件材料的熔点不过高，一般都优先选用金属型铸造。但是，金属型模具制作价格较高，不适用于小批量及大件生产。虽然采用了耐热合金钢，但金属型模具耐热能力仍有限，一般多用于铝合金、锌合金、镁合金的铸造。

2. 铸造工艺设计

铸造工艺设计包括零件本身工艺设计，铸型浇注系统、补缩系统、排气孔和冷却系统的设计，特种铸造工艺设计等内容。

零件本身工艺设计涉及零件的加工余量、浇注位置、分型面的选择，铸造工艺参数的选择，尺寸公差、断面收缩率、起模斜度等参数的设计。

浇注系统是引导金属液进入铸型型腔的通道。浇注系统对铸件的质量影响很大，是避免浇不足、冷隔、冲砂、夹渣、夹杂和夹砂等铸造缺陷的关键因素。浇注系统的设计包括浇注系统类型的选择、内浇口位置的选择及浇注系统各部分截面尺寸的确定。

将内浇口开设在铸型的分型面处的是属于中间注入式浇注系统。封闭式浇注系统可以提高浇注系统的挡渣能力，补缩系统是通过设计冒口，以补偿铸件在凝固过程中产生的液态和凝固态的体收缩，获得健全铸件的方法。排气孔用于排出型腔内的气体，排出先填充到型腔的过冷金属液和浮渣，还可作为观察型腔是否浇满的标志。

三、焊接

电弧焊是以电弧作为热源的形式将电能转变为热能来熔化金属，实现金属连接的一种焊接工艺，主要有焊条电弧焊、埋弧焊、气体保护焊等方法，是目前应用最广泛、最重要的熔焊方法之一，占焊接生产总量的60%以上。

1. 焊接电弧的结构

电弧的产生与维持需要具备气体电离和阴极电子发射两个条件。在焊接电弧燃烧过程中，呈现出电压低、电流大、温度高和发光强的特点。电弧的引燃方式有接触引弧（常用）和非接触引弧两种。电弧的分类如下：

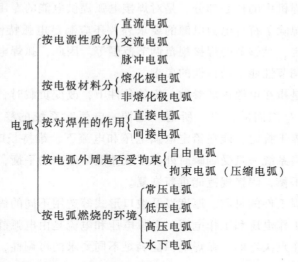

以直流电弧为例。直流电弧可近似看成一个圆柱形的气体导体，沿它的长度方向可分为三个区域，即阴极区、阳极区和弧柱区，电弧的结构如图 3-17 所示，其中阴极、阳极区都很短，电弧长度近似等于弧柱长度。

电弧两端（两电极）之间的电压降称为电弧电压 U_f，它包括阴极电压降 U_i、阳极电压降 U_y 和弧柱电压降 U_z，在数值上等于三个电压降之

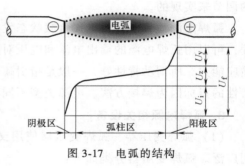

图 3-17　电弧的结构

和。电弧电压主要取决于电弧长度：电弧长，电弧电压大；电弧短，电弧电压小。电弧电压大则焊缝熔宽大，电弧电压小则焊缝熔宽小。在焊接过程中，为了获得合适的熔宽和熔深，随着焊接电流的增大，应该相应增大电弧电压。

电弧静特性是指电弧电压和电弧电流之间的关系。焊接电弧电压随电流的增加而呈 U 形变化，所以焊接电弧静特性也称 U 形特性，如图 3-18 所示。

交流电弧引燃和燃烧的物理本质和直流电弧相同，也是气体电离和阴极电子发射的过程。常用的交流弧焊电源——弧焊变压器是通过采用增大回路感抗或漏抗，形成电感性回路的方法来实现的。

电弧偏吹是指与正常情况不同的电弧的轴线与焊条的中心线不在同一中心线上的现象，它会引起电弧燃烧不稳，弧长变长，导致焊缝成形恶化，焊缝质量下降。电弧

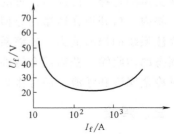

图 3-18　焊接电弧静态伏安特性

偏吹主要是由于周围气流的影响；焊条药皮厚薄不均的偏心度的影响；周围磁场分布不均的影响等。所以应尽量采用短弧焊，交流电弧焊，工件消磁，选用厚皮焊条等，以避免电弧偏吹。

2. 对弧焊电源的特性要求

弧焊电源是电弧焊机中的核心部分，是对焊接电弧提供电能的专用设备。由于电弧是一种特殊负载，弧焊电源除了符合电力电源的要求外，还应满足电弧特性及焊接工艺的要求，如引弧容易，电弧稳定，足够宽的焊接规范调节范围等。因此，弧焊电源的电气性能应考虑对弧焊电源外特性、调节性能、动特性的要求。

弧焊电源外特性是指在电源内部参数一定的条件下，改变负载时，电源输出电压稳定值 U_y 与输出电流稳定值 I_y 之间的关系。所谓"电源—电弧"系统的稳定性包含两方面的含义：一是系统在无外界干扰时，能在给定电弧电压和电流下，维持长时间的连续电弧放电，保持静态平衡；二是当系统一旦受到瞬时外界干扰而破坏原来的平衡，但干扰消失后，系统能自动达到新的稳定平衡，焊接规范能重新恢复。

焊接时需根据被焊工件的材质、厚度以及坡口形式等选用不同的焊接参数，而与电源有关的焊接参数是电弧工作电压和工作电流。电弧电压和电流是由电弧静特性和电源外特性曲线相交的一个稳定工作点决定的。弧焊电源能满足不同要求的可调性，它是通过电源外特性的调节来实现的。

弧焊电源动特性是指电弧负载状态发生突然变化时，弧焊电源输出电压与电流的响应过程，可以用弧焊电源的输出电流和电压对时间的关系来表示，它说明弧焊电源对负载瞬变的适应能力。所谓动特性好，一般是指引弧和重新引弧容易，电弧稳定和飞溅少。弧焊电源动特性的指标因为焊接方法、电源类型不同而有所不同。

3. 弧焊电源相关设备

（1）弧焊变压器　弧焊变压器使用交流电源，结构简单、使用可靠，在各类电源中应用广泛。弧焊变压器分类如下：

弧焊变压器 { 串联电阻器式 { 分体式：变压器和电抗器是独立的个体
同体式：变压器与电抗器铁心组成一体，二者间既有电的联系，又有磁的联系
增强漏磁式 { 动铁心式：在一、二次绕组间设置可移动的磁分路，以增强和调节漏磁
动线圈式：通过增大一、二次绕组间距离来增强漏磁，改变绕组间距离以实现调节
抽头式：将一、二次绕组分开来增加漏磁，通过绕组抽头改变绕组匝数来调节漏抗

在两类变压器应用上，串联电抗器式弧焊变压器因为多一个感抗器，所以耗材多，体积大而重。而且电抗器中若有活动铁心，若装配不严，焊接时会产生振动，小电流焊接时由于间隙小，振动造成的影响更大，会使电弧不稳，所以这类焊机宜做成大功率的产品。增大漏磁式的没有单独的感抗器，所以耗材少，而且采用小电流焊接时振动轻微、电弧稳定，所以宜做成中小功率的产品。

（2）直流弧焊发电机　直流弧焊发电机和一般发电机一样，都是靠电枢上的导体切割磁极和电枢之间空气隙内的磁力线而感应出电动势。调节外特性可以通过改变励磁回路中的电阻，从而调节励磁电流实现，也可以通过移动电刷位置从而改变匝数来实现。

（3）弧焊整流器

1）硅弧焊整流器和直流弧焊发电机一样，是一种直流弧焊电源，它是利用交流电经变压器、整流器以及外特性调节装置等获得直流焊接电流。和发电机相比，硅弧焊整流器结构简单、成本低、效率高且噪声小；易获得不同形状的外特性，以满足不同焊接工艺的要求；动特性及输出电流波形易于控制，适应性强。

2）磁放大器式弧焊整流器中的磁放大器实际就是饱和电抗器，它的铁心中没有空气隙和活动铁心，中心柱上设有直流控制绕组，通过调节控制电流，可以获得焊接所需要的工作电流和电压。磁放大器式弧焊整流器的最大优点是控制方便，但其结构比较复杂，而且重量大，用料多，所以生产中也常用其他形式的弧焊整流器，比如动线圈式。

3）动线圈式（增强漏磁式）硅弧焊整流器由增强漏磁的三相动圈式弧焊变压器和三相桥式整流器构成。它的电磁惯性与弧焊变压器相近，动特性很好，飞溅较少，所以一般可以不用输出电抗器；输出的电流和电压受电网电压和温升的影响也较小；与磁放大器式相比，结构与线路简单，省材、重量轻。缺点是由于线圈可动，使用时有轻微振动和噪声，不易于实现远距离调节，不便于进行电网电压补偿。

随着电子技术、大功率电子元件和集成电路的不断发展，在国内外出现了多种多样的新型电源。它们的主要特点是采用电子电路控制，能够获得弧焊工艺所需的外特性、调节性能、动特性和电压电流波形，从而使弧焊电源有更加优良的电气性能，同时也更便于实现自动控制，如晶闸管式弧焊整流器、晶体管式弧焊整流器等。

（4）弧焊逆变器　逆变为直流电转变为交流电的变换，实现这种变换的装置称为逆变器。为焊接电弧提供电能，并具有弧焊所要求电气性能的逆变器称为弧焊逆变器。弧焊逆变器的变流顺序（基本原理）为：单相或三相 50Hz 的交流电压经输入整流器整流和电抗器滤波之后，通过大功率电子开关构成的逆变器的交替开关作用，变成几千至几万赫兹的中频电压，再经中频变压器、整流器和电抗器的降压、整流与滤波就得到所需要的焊接电压和电流。输出电流可以是直流或交流。

在弧焊逆变器中常用 AC—DC—AC—DC 的逆变拓扑结构，所以还可把它称为逆变式弧焊整流器。它主要由输入整流器、电抗器、大功率电子开关（晶闸管组、晶体管组或场效

应晶体管组）、中频变压器、输出整流器及电子电路等组成。

根据弧焊工艺的需要，通过电子控制电路、电弧电压和电流反馈，弧焊逆变器可以获得各种形状的外特性。弧焊逆变器的规范调节方法有定脉宽调频率和定频率调脉宽两种。弧焊逆变器的优点有高效节能，效率可达到 80%～90%；功率因数高达 0.99；空载损耗极小；良好的动特性和弧焊工艺性能；体积小、重量轻，整机重量仅为传统式弧焊电源的 1/5～1/10，体积只有传统电源的 1/3 左右。

四、锻压

锻压是锻造和冲压的合称，是利用锻压机械的锤头、砧块、冲头或通过模具对坯料施加压力，使之产生塑性变形，从而获得所需形状和尺寸的制件成形加工方法。在锻造加工中，坯料整体发生明显的塑性变形；在冲压加工中，坯料主要通过改变各部位面积的空间位置而成形。锻压和冶金工业中的轧制、拔制等都属于塑性加工，或称压力加工，但锻压主要用于生产金属制件，而轧制、拔制等主要用于生产板材、带材、管材、型材和线材等金属型材。

1. 锻压的分类与特点

锻压主要按成形方式和变形温度分类。按成形方式，锻压可分为锻造和冲压两大类；按变形温度，锻压可分为热锻压、冷锻压、温锻压和等温锻压等。

（1）热锻压　热锻压是在金属再结晶温度以上的锻压。提高温度能改善金属的塑性，有利于提高工件的内在质量，使之不易开裂，高温还能减小金属的变形抗力，降低所需锻压机械的吨位。但热锻压工序多，工件精度差，表面不光洁，锻件容易产生氧化、脱碳和烧损。

（2）温锻压　温锻压是在高于常温，但又不超过再结晶温度下的锻压，温锻压的精度较高，表面较光洁而变形抗力不大。

（3）冷锻压　冷锻压是在低于金属再结晶温度下的锻压，通常所说的冷锻压多专指在常温下的锻压。在常温下冷锻压成形的工件，其形状和尺寸精度高，表面光洁，加工工序少，便于自动化生产。许多冷锻压、冷冲压件可以直接用作零件或产品，而不再需要切削加工。但冷锻压时，因金属的塑性低，变形时易产生开裂，变形抗力大，需要大吨位的锻压机械。

（4）等温锻压　等温锻压在整个成形过程中坯料温度保持恒定值。等温锻压是为了充分利用某些金属在特定温度下所具有的高塑性，或是为了获得特定的组织和性能。等温锻压需要将模具和坯料一起保持恒温，所需费用较高，仅用于特殊的锻压工艺，如超塑成形。

2. 锻压对金属性能的影响及其应用

锻压可以改变金属组织，提高金属性能。铸锭经过热锻压后，原来的铸态疏松、孔隙、微裂等被压实或焊合；原来的枝状结晶被打碎，使晶粒变细；同时改变原来的碳化物偏析和不均匀分布，使组织内部密实、均匀、细致；锻件经热锻变形后，金属是纤维组织；经冷锻变形后，金属晶体呈有序性，从而提高了金属的强度、塑性和韧性，使锻件具有良好的综合力学性能。

3. 锻压工艺

锻压通过金属塑性流动而制成所需形状的工件。金属受外力产生塑性流动后体积不变，而且金属总是向阻力最小的部分流动。生产中，常根据这些规律控制工件形状，实现镦粗、拔长、扩孔、弯曲和拉深等变形。模锻、挤压、冲压等应用模具锻压的工件尺寸精确，可采用高效锻压机械和自动锻压生产线，组织专业化大批量生产。

锻压的生产过程包括成形前的锻坯下料、锻坯加热和预处理，成形后工件的热处理、清理、校正和检验。常用的锻压机械有锻锤、液压机和机械压力机。锻锤具有较大的冲击速度，利于金属塑性流动，但会产生振动；液压机用静力锻造，有利于锻透金属和改善组织，工作平稳，但生产率低；机械压力机行程固定，易于实现机械化和自动化。未来锻压工艺将向提高锻压件的内在质量，发展精密锻造和精密冲压技术，研制生产率和自动化程度更高的锻压设备和锻压生产线，发展柔性锻压成形系统，发展新型锻压材料和锻压加工方法等方向发展。

低温锻造时，锻件的尺寸变化很小。在700℃以下锻造，氧化皮形成少，而且表面无脱碳现象。因此，只要变形能在成形范围内，冷锻易于得到较好的尺寸精度和表面粗糙度。坯料在冷锻时将产生变形和加工硬化，使锻模承受较高的荷载，因此，需要使用高强度的锻模并采用防止磨损和黏结的硬质润滑膜处理方法。另外，为防止坯料裂纹，需要进行中间退火以保证锻压需要的变形能力。只要控制好温度和润滑冷却，700℃以下的温锻也可以获得很好的精度。

热锻时，由于变形能和变形阻力都很小，可以锻造形状复杂的大锻件。高尺寸精度的锻件可在900~1000℃温度范围内用热锻加工。热锻自由度大、成本低，但锻模寿命与其他温度范围的锻造相比是较短的。

根据坯料的移动方式，锻造可分为自由锻、镦粗、挤压、模锻、闭式模锻和闭式镦锻。闭式模锻和闭式镦锻由于没有飞边，材料的利用率较高，用一道工序或几道工序就可能完成复杂锻件的精加工。根据锻模的运动方式，锻造又可分为摆辗、摆旋锻、辊锻、楔横轧、辗环和斜轧等方式。摆辗、摆旋锻和辗环也可用精密锻造加工。为了提高材料的利用率，辊锻和楔横轧可用于细长材料的前道工序加工。与自由锻一样的旋锻也是局部成形的，它的优点是与锻件尺寸相比，锻造力较小情况下也可实现。包括自由锻在内的这种锻造方式，加工时材料从模具面附近向自由表面扩展，因此，很难保证精度，所以，将锻模的运动方向和旋锻工序用计算机控制，就可用较低的锻造力获得形状复杂、精度高的产品。例如生产品种多、尺寸大的汽轮机叶片等锻件。

锻造设备根据变形限制特点可分为锻造力限制方式的油压直接驱动滑块的油压机，准冲程限制方式的油压驱动曲柄连杆机构的油压机，冲程限制方式的曲柄，连杆和楔机构驱动滑块的机械式压力机，能量限制方式的利用螺旋机构的螺旋和摩擦压力机等类型。

第三节　机械切削加工

机械切削加工是通过机床动作从工件上切除多余材料，从而获得形状、尺寸精度及表面质量符合要求的零件加工过程，主要有车、铣、刨、磨和钻等切削形式。虽然机械切削形式多种多样，但其具有刀具与工件之间产生相对运动，即切削运动的共同特点，切削加工质量与刀具材料及参数、切削运动参数有关。

一、车削

车削是车床用车刀对旋转的工件进行切削加工的方法，主要用于加工轴、盘、套和其他具有回转表面的工件，如内外圆柱面、圆锥面、端面、成形面和螺纹等，是机械加工中应用最广的一类机床加工。

车削中工件随车床主轴旋转，刀具做直线或曲线运动从工件上切除金属。车削加工过程平稳，加工精度高，可采用高速切削来提高生产率。刀具简单，安装方便。

车削设备称作车床，根据主轴位置可将车床分为卧式车床和立式车床。卧式车床应用最为广泛，立式车床多用于加工直径大而长度短的大型零件。按照控制方式可将车床分为普通车床和数控车床，数控机床已得到广泛使用。数控车床结构如图 3-19 所示。

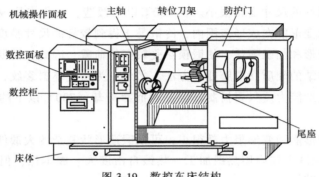

图 3-19　数控车床结构

1. 车削工艺要求

（1）合理选择切削用量　被加工材料、切削工具、切削条件是金属切削加工三大要素，决定着加工时间、刀具寿命和加工质量。切削条件的三要素为切削速度、进给量和切削深度。

（2）合理选择刀具　粗车时，应选强度高、寿命长的刀具，以便满足粗车时大背吃刀量、大进给量的要求。精车时，应选精度高、寿命长的刀具，以保证加工精度的要求。数控车床为减少换刀时间和方便对刀，应尽量采用机夹刀和机夹刀片。

（3）合理选择夹具　尽量选用通用夹具装夹工件，避免采用专用夹具。零件定位基准重合，以减少定位误差。

（4）确定加工路线　加工路线是指数控机床加工过程中，刀具相对零件的运动轨迹和方向。加工路线应考虑加工精度和表面粗糙度要求。应尽量缩短加工路线，减少刀具空行程时间，以提高加工效率。

2. 车削加工工艺守则

（1）车刀的装夹

1）车刀刀杆伸出刀架不宜太长，一般长度不应超出刀杆高度的 1.5 倍（车孔、槽等除外）。

2）车刀刀杆中心线应与走刀方向垂直或平行。

3）刀尖高度的调整：①车端面、车圆锥面、车螺纹、车成形面及切断实心工件时，刀尖一般应与工件轴线等高；②粗车外圆、精车孔时，刀尖一般应比工件轴线稍高；

③车细长轴、粗车孔、切断空心工件时，刀尖一般应比工件轴线稍低；④螺纹车刀刀尖角的平分线应与工件轴线垂直；⑤装夹车刀时，刀杆下面的垫片应少而平，压紧车刀的螺钉必须旋紧。

（2）工件的装夹

1）用自定心卡盘装夹工件进行粗车或精车时，若工件直径小于 30mm，其悬伸长度应不大于直径的 5 倍，若工件直径大于 30mm，其悬伸长度应不大于直径的 3 倍。

2）用单动卡盘、花盘，角铁（弯板）等装夹不规则偏重工件时，必须加配重。

3）在两顶尖间加工轴类工件时，车削前应调整尾座顶尖轴线与车床主轴轴线重合。

4）在两顶尖间加工细长轴时，应使用跟刀架或中心架。在加工过程中需注意调整顶尖的顶紧力，固定顶尖和中心架应注意润滑。

5）使用尾座时，套筒尽量伸出短些，以减少振动。

6）在立车上装夹支承面小、高度高的工件时，应使用加高的卡爪，并在适当的部位加拉杆或压板压紧工件。

7）车削轮类、套类铸锻件时，应按不加工的表面找正，以保证加工后工件壁厚均匀。

（3）车削加工

1）车削台阶轴时，为了保证车削时的刚性，一般应先车直径较大的部分，后车直径较小的部分。

2）在轴上切槽时，应在精车之前进行，以防止工件变形。

3）精车带螺纹的轴时，一般应在螺纹加工之后再精车无螺纹部分。

4）钻孔前，应将工件端面车平。必要时应先打中心孔。钻深孔时，一般先钻导向孔。

5）车削 $\phi10\sim\phi20$mm 的孔时，刀杆的直径应为被加工孔径的 0.6~0.7 倍；加工直径大于 $\phi20$mm 的孔时，一般应采用装夹刀头的刀杆。

6）车削多螺纹或多头蜗杆时，调整好交换齿轮后需进行试切。

7）进行刀具与工件相对位置的调整，调好后需进行试车削，首件合格后方可加工；加工过程中随时注意刀具的磨损，工件尺寸与表面粗糙度。

8）在立式车床上车削时，当刀架调整好后，不得随意移动横梁。

9）当工件的有关表面有位置公差要求时，尽量在一次装夹中完成车削。

10）车削圆柱齿轮齿坯时，孔与基准端面必须在一次装夹中加工，必要时应在该端面的齿轮分度圆附近车出标记线。

二、铣削

铣削是使用旋转的多刃刀具切除金属的高效率加工方法。工作时刀具旋转做主运动，工件做进给运动。铣削适于加工平面、沟槽、各种成形面和模具的特殊形面等。

铣削加工的适应性强、灵活性好，加工精度高，加工质量稳定可靠。数控铣床具有铣床、镗床、钻床的功能，使工序高度集中，提高了生产效率。数控铣床不但能够加工平面类零件，还能够加工曲面类零件，以及轮廓形状特别复杂或难以控制尺寸的零件，如模具类零件、壳体类零件等。在曲面加工过程中，加工面与铣刀为点接触，多采用球头铣刀进行。常用的铣床有立式铣床和卧式铣床，还有龙门铣床、仿形铣床等，其中带刀库的数控铣床又称为加工中心，如图 3-20 所示。

1. 数控铣床的主要功能

（1）点位控制功能　数控铣床的点位控制主要用于工件的孔加工，如中心钻定位、钻孔、扩孔、锪孔、铰孔和镗孔等操作。

（2）连续控制功能　通过数控铣床的直线插补、圆弧插补或复杂的曲线插补运动，铣削待加工工件的平面和曲面。

（3）刀具半径补偿功能　如果直接按工件轮廓线编程，在加工工件内轮廓时，实际轮廓线将大了一个刀具半径值；在加工工件外轮廓时，实际轮廓线又小了一个刀具半径值。使用刀具半径补偿的方法，由数控系统自动计算刀具中心轨迹，使刀具中心偏离工件轮廓一个刀具半径值，从而加工出符合图样要求的轮廓。利用刀具半径补偿的功能，改变刀具半径补偿量，还可以补偿刀具磨损量和加工误差，实现对工件的粗加工和精加工。

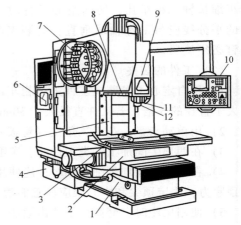

图 3-20　加工中心

1—床身　2—滑座　3—工作台　4—润滑油箱
5—立柱　6—数控柜　7—刀库　8—机械手
9—主轴箱　10—操作面板　11—控制柜　12—主轴

（4）刀具长度补偿功能　改变刀具长度的补偿量，不仅可以补偿刀具换刀后的长度偏差值，还可以改变切削加工的平面位置，控制刀具的轴向定位精度。

（5）固定循环加工功能　应用固定循环加工指令，可以简化加工程序，减少编程的工作量。

（6）子程序功能　如果加工工件形状相同或相似，把其编写成子程序，由主程序调用，这样可以简化程序结构。引用子程序的功能使加工程序模块化，按加工过程的工序分成若干个模块，分别编写成子程序，由主程序调用，完成对工件的加工。这种模块式的程序便于加工调试，优化加工工艺。

2. 数控铣床的工艺装备

1）铣削平面可使用两轴半控制的数控铣床。

2）铣削复杂曲面需要使用三轴以上多轴联动的数控铣床。

3）夹具主要有机用台虎钳、磁性吸盘和压板装置。加工大批量或形状复杂的工件时应设计组合夹具，如果使用气动和液压夹具，通过程序控制夹具，实现对工件的自动装卸，则能进一步提高工作效率和降低劳动强度。

4）常用的铣削刀具有立铣刀、面铣刀、球头铣刀、成形铣刀和孔加工刀具等。

三、磨削和刨削

1. 磨削

磨削是使用磨削轮来切除金属的加工方法。磨削用于对工件进行精加工，加工后的工件表面光洁、尺寸精确。磨削工艺常用于对经过热处理的坚硬工件进行精加工。

2. 刨削

牛头刨床为做直线往复运动的刨床，因其刀架形似牛头而得名。刨削加工使用单刃刀具加工出精密的平面。牛头刨床主要用于加工中小型工件上的平面、成形面和沟槽。

第四节　模具制造技术

随着技术发展和社会需求，新产品开发和产品更新换代已成为常态，在汽车、电子产品、家电制造领域尤为突出，因此复杂精密的模具制造技术成为衡量一个国家制造业水平的重要标志，模具制造技术为现代制造技术的代表。

一、对模具制造的要求

在工业生产中，应用模具的主要目的是保证产品的质量，提高生产率和降低成本。因此模具制造需要满足以下要求：

（1）制造精度高　为了生产合格的产品和发挥模具的效能，模具必须具有较高的精度。为了保证产品的精度和质量，模具的精度通常要求比产品的精度高 2~4 级。模具上、下模之间的配合和组成模具的零件都必须有足够高的制造精度。

（2）使用寿命长　模具是比较昂贵的工艺装备，模具制造费用占产品成本的 10%~30%，其使用寿命将直接影响生产成本。因此，除了小批量生产和新产品试制等特殊情况外，一般都要求模具具有较长的使用寿命，在大批量生产的情况下，模具的使用寿命更加重要。

（3）制造周期短　模具制造周期的长短主要取决于制造技术和生产管理水平的高低。为了满足生产需要，提高产品的竞争能力，必须在保证质量的前提下尽量缩短模具制造周期。

（4）模具成本低　模具成本与模具结构的复杂程度、模具材料、制造精度要求以及加工方法有关。必须根据产品要求合理设计模具结构和制订其加工制造工艺，尽量降低模具制造成本。

必须指出，上述各项要求是互相关联、相互影响的。片面追求模具精度和使用寿命必将导致制造成本的增加，只顾降低成本和缩短周期而忽略模具精度和使用寿命的做法也是不可取的。在设计与制造模具时，应根据实际情况全面考虑，在保证产品质量的前提下，选择与生产量相适应的模具结构和制造方法，使模具成本尽力降低。

二、模具制造中的新技术

传统模具技术主要是根据设计图样，用仿形加工、成形磨削以及电火花加工方法来制造模具。近年来计算机及网络技术、自动化技术、数控技术的有机结合给现代制造技术提供了技术条件，奠定了物质基础。为了更好地满足模具"精度高、质量好、价格低、交货期短"的制造要求，相比传统制造技术，模具制造中有更多的新技术应用。

（1）CAD/CAM/CAE 技术　模具 CAD/CAM/CAE 技术是计算机辅助设计与制造技术的典型应用，是模具设计制造的划时代工具。计算机和网络的发展使 CAD/CAM/CAE 技术跨地区、跨企业、跨院所地在整个行业中得到应用，模具企业已普及了三维 CAD，以及 UG、Pro/Engineer、I-DEAS、EUCLID-IS 等国际通用的计算机辅助设计与制造软件，还引进了 Moldflow、C-Flow、DYNAFORM、Optris 和 MAGMASOFT 等 CAE 软件，并成功应用于模具的设计制造中。技术资源的整合与应用，使虚拟制造成为可能。

（2）高速铣削加工　高速铣削加工的主轴转速高达每分钟上万转，高速铣削加工不但大幅度提高了加工效率，获得极高的表面粗糙度，还能够加工高硬度标准模块。

（3）模具扫描及数字化系统　三维扫描机和模具扫描系统提供了从实物扫描到模具出图所需的设计辅助功能，大大缩短了模具的设计制造周期。模具扫描系统可实现模具制造的"逆向工程"即通过对实物扫描进行快速数据采集，自动生成 CAD 数据，并可以配置软件模块自动生成数控系统的加工程序。

（4）电火花铣削加工　电火花铣削加工技术也称为电火花创成加工技术，是一种用电极加工型腔的新技术，它利用高速旋转的简单的管状电极做三维或二维轮廓加工（类似数控铣削），因此不再需要制造复杂的成形电极。

（5）表面热处理技术　模具热处理和表面热处理是能否充分发挥模具材料性能的关键环节。模具热处理新技术是真空热处理。模具表面处理采用工艺先进的气相沉积（TiN、TiC 等）、等离子喷涂等技术。

（6）自动化的模具研磨抛光　模具表面的质量对模具使用寿命、产品外观质量等方面均有较大的影响。用自动化的研磨与抛光方法替代手工操作，是提高模具表面质量的重要途径。

（7）模具自动加工系统　模具自动加工系统由多台机床、随行定位夹具、完整的机具、数控刀具库、数控柔性同步系统、控制系统和质量监测系统组成。

（8）模具标准化技术　我国模具标准件使用覆盖率为 30% 左右，国外发达国家一般为80% 左右。

三、模具制造工艺

模具制造的工艺路线是：模具标准件准备→坯料准备→模具零件形状加工→热处理→模具零件精加工→模具装配。

（1）模具标准件准备　冲模由凸模、凹模、导向和顶出等部分组成，注塑模及压铸模由型腔部分的定模以及型芯部分的动模，还有导向、顶出、支承等部分组成。一副模具的零件多达 100 种以上，其中除了标准件之外，其他零件都需要进行加工。标准模块无需要再做任何加工，可以直接进入装配环节，为了缩短制模周期，模具设计人员应尽量选用标准模块。

（2）坯料准备　坯料准备是为各模具零件提供相应的坯料。其加工内容按原材料的类型不同而异。对于锻件或切割钢板需要进行六面加工，除去表面黑皮，磨削两平面及基准面，使坯料平行度和垂直度符合要求。

（3）模具零件形状加工　模具零件形状加工的任务是按要求对坯料进行内外形状的加工。例如，按冲裁凸模所需形状进行外形加工；按冲裁凹模所需形状加工型孔、紧固螺栓及销钉孔；按照注塑模型芯的形状进行内、外形状加工，或按型腔的形状进行内形加工。

（4）热处理　热处理是使经初步加工的模具零件半成品达到所需的硬度。

（5）模具零件精加工　模具零件的精加工是对淬硬的模具零件半成品进一步加工，以满足尺寸精度、形状精度和表面质量的要求。针对精加工阶段材料较硬的特点，大多采用磨削加工和精密电加工方法。

冲模和注塑模都有预先加工好的标准件供模具设计时选用。除了螺栓、销、导柱和导套等一般标准件外，还有常用圆形和异形冲头、导销、推杆等标准件，以及许多标准组合件。模具制造中的标准化程度越高，则加工周期越短。

（6）模具装配 模具装配的任务是将已加工好的模具零件及标准件按模具总装配图要求装配成一副完整的模具。在装配过程中，需对某些模具零件进行抛光和修整。试模后还需对某些部位进行调整和修正，使模具产品符合图样要求。并且，模具能正常地连续工作，模具制造过程才结束。在模具加工过程中还需对每一道加工工序的结果进行检验和确认，才能保证装配好的模具达到设计要求。

模具制造流程如图 3-21 所示。

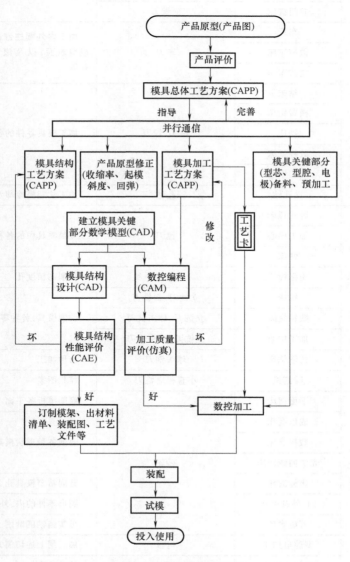

图 3-21 模具制造流程图

四、模具加工方法

模具加工方法主要分为切削加工及非切削加工两类，见表3-3。按照模具的种类、结构、用途、材质、尺寸、形状、精度及使用寿命等各种因素选用相应的加工方法。各种加工方法均有可能达到的最高精度和经济精度。为了降低生产成本，根据模具各部位的不同要求尽可能使用各加工方法的经济精度。

表3-3 模具加工方法

分类	加工方法	机床	使用工(刀)具	适用范围
切削加工	平面加工	龙门刨床	刨刀	对模具坯料进行六面加工
		牛头刨床	刨刀	
		龙门铣床	面铣刀	
	车削加工	车床	车刀	加工内外圆柱锥面、端面、内槽、螺纹、成型表面，以及滚花、钻孔、铰孔和镗孔等
		数控车床		
		立式车床		
	钻孔加工	钻床	钻头、铰刀	加工模具零件的各种孔
		横臂钻床		
		铣床		
		数控铣床		
		加工中心		
		深孔钻	深孔钻头	加工注塑模冷却水孔
	镗孔加工	卧式镗床	镗刀	镗销模具中的各种孔
		加工中心		
		铣床		
		坐标镗床	镗刀	镗削高精度孔
	铣削加工	铣床	立铣刀、面铣刀	铣削模具、各种零件
		数控铣床	立铣刀、球头铣刀	
		加工中心	立铣刀、球头铣刀	
		仿形铣床	球头铣刀	仿形加工
		雕刻机	小直径立铣刀	雕刻图案
	磨削加工	平面磨床	砂轮	磨削模板各平面
		成形磨床		磨削各种形状模具、零件的表面
		数控磨床		
		光学曲线磨床		
		坐标磨床		磨削精密模具孔
		内、外圆磨床		圆形零件的内、外表面
		万能磨床		可实施锥度磨削
	电加工	型腔电加工	电极	加工用上述切削方法难以加工的部位
		线切割加工	级电级	精密轮廓加工

（续）

分类	加工方法	机床	使用工(刀)具	适用范围
切削加工	电加工	电解加工	电极	型腔和平面加工
	抛光加工	手持抛光机	各种砂轮	去除铣削痕迹
		抛光机或手工抛光	锉刀、砂纸、油石和抛光剂	对模具、零件抛光
非切削加工	挤压加工	压力机	挤压凸模	难以切削加工的型腔
	铸造加工	铍铜压力铸造	铸造设备	铸造注塑模型腔
		精密铸造	石膏模铸造设备	
	电铸加工	电铸设备	电铸模型	精密注塑模型腔
	装饰纹加工	蚀刻装置	装饰纹样板	在注塑模型腔表面加工

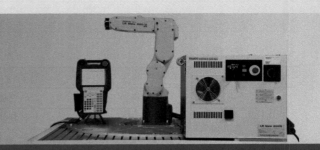

第四单元

机械传动和气液传动

学习目标

1. 了解齿轮传动、带传动、链传动的特点与类型，能够选择合适的机械传动方式

2. 了解气压传动和液压传动的特点及应用，能够分析气压传动系统和液压传动系统的工作过程，熟悉系统的安装、调试、维护要求

第一节　机械传动

机械传动是指利用机械方式传递动力和运动的传动。其中的一类靠主动件与从动件之间的啮合传递动力，如齿轮传动、链传动等；另一类靠机件间的摩擦力传递动力，如带传动等。工业机器人常用的传动装置有齿轮传动、蜗杆传动、链传动和同步带传动等。

一、齿轮传动

齿轮传动是两齿轮直接接触，利用两齿轮上的轮齿相互啮合来传递运动和动力的机械传动，主要用于传递两轴间的运动和力，也可实现回转和直线运动的转换。齿轮传动是应用最广泛的一种传动形式，如机床主轴箱和进给箱、汽车变速器、工业机器人传动机构等部件的动力传递和变速功能，都是由齿轮机构实现的。

1. 齿轮传动的特点与类型

（1）齿轮传动的特点　齿轮机构传动比稳定，传递功率和速度范围广，传递效率高，结构紧凑，工作可靠，使用寿命长，可实现平行轴、任意角度轴之间的传动；但加工和安装精度要求较高，制造成本也较高，齿轮的齿数为整数，传动比受到限制，不能实现无级变速，不适用于距离较远的两轴之间的传动。

（2）齿轮传动的类型　齿轮传动的类型很多，常见的齿轮传动类型如图4-1所示。

2. 齿轮传动的参数

齿轮传动机构主要由主动齿轮、从动齿轮和齿轮轴等几部分组成。机械工程对齿轮传动机构的基本要求是结构紧凑、传动平稳、承载力强、强度高、耐磨性好且使用寿命长。

（1）传动比　齿轮传动的传动比i定义为主动齿轮与从动齿轮的转速之比，计算上也等

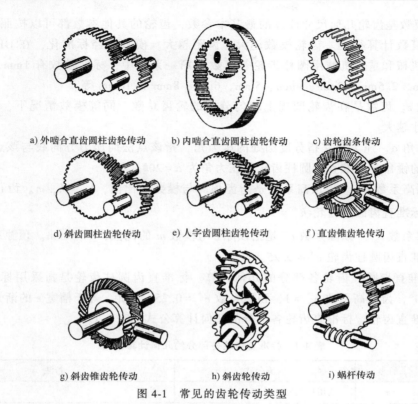

a) 外啮合直齿圆柱齿轮传动　　b) 内啮合直齿圆柱齿轮传动　　c) 齿轮齿条传动

d) 斜齿圆柱齿轮传动　　e) 人字齿圆柱齿轮传动　　f) 直齿锥齿轮传动

g) 斜齿锥齿轮传动　　h) 斜齿轮传动　　i) 蜗杆传动

图 4-1　常见的齿轮传动类型

于从动齿轮与主动齿轮的齿数比，即

$$i = \frac{n_1}{n_2} = \frac{z_2}{z_1}$$

式中　　n_1、n_2——主、从动齿轮转速，r/min；

z_1、z_2——主、从动齿轮齿数。

（2）直齿圆柱齿轮的基本参数　直齿圆柱齿轮传动的齿轮副的齿轮，其轮齿齿线方向与齿轮转动轴线的方向平行。这是应用最广泛的一种齿轮传动形式，它用于两轴平行的齿轮传动场合，它的轮齿齿廓曲线形状一般为渐开线。直齿圆柱齿轮的几何要素包括端面、齿顶圆柱面、齿根圆柱面、分度圆柱面、齿廓曲面、分度圆直径 d、齿根圆直径 d_f、齿顶圆直径 d_a、齿距 p、齿厚 s、槽宽 e、齿宽 b、齿高 h、齿顶高 h_a 和齿根高 h_f 等，如图 4-2 所示。

直齿圆柱齿轮基本参数有模数 m、齿数 z、压力角 α、齿顶高系数 h_a^*、顶隙系数 c^*。基本参数是齿轮各部分几何尺寸的计算依据。

1）模数 m。在齿轮参数中，模数是一个非常重要的概念，定义为 $m =$

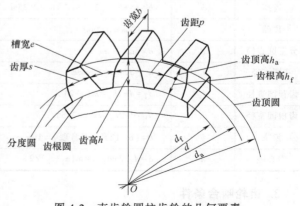

图 4-2　直齿轮圆柱齿轮的几何要素

$d/z=p/\pi$。模数是齿轮几何尺寸计算的最基本参数，齿轮的其他参数都可以按照国家标准，通过齿数和模数计算得到。齿轮模数越大，齿距越大。模数已经标准化，在 GB/T 1357—2008《通用机械和重型机械用圆柱齿轮 模数》第一系列中，标准模数有 1mm、1.25mm、1.5mm、2mm、2.5mm、3mm、4mm、5mm、6mm、8mm 和 10mm 等。

2）齿数 z。齿数是在齿轮圆周上均匀分布的轮齿总数。同等模数情况下，齿数越多，齿轮几何尺寸越大。

3）压力角 α。压力角是指分度圆处的压力角，指该点法向压力方向线与该点速度方向线之间所夹的锐角。标准直齿圆柱齿轮的压力角为 $\alpha=20°$。

4）齿顶高系数 h_a^*。齿顶高系数是指齿顶高与模数的比值，$h_a^*=h_a/m$。齿顶高系数已经标准化，标准直齿圆柱齿轮 $h_a^*=1$。

5）顶隙系数 c^*。顶隙系数 c^* 是指顶隙 c 与模数 m 的比值，$c^*=c/m$。顶隙系数也已经标准化，标准直齿圆柱齿轮 $c^*=0.25$。

（3）标准直齿圆柱齿轮各部分的几何计算。标准直齿圆柱齿轮是指采用标准模数 m，压力角 $\alpha=20°$，齿顶高系数 $h_a^*=1$，顶隙系数 $c^*=0.25$，齿距 s 等于槽宽 e 的渐开线圆柱齿轮，简称标准直齿轮。标准直齿轮各部分的几何计算公式见表 4-1。

表 4-1 标准直齿轮各部分的几何计算公式

名称	符号	计算公式	备注
模数	m	选用标准值	
压力角	α	选用标准值（$\alpha=20°$）	
齿数	z	由传动比计算求得	
齿距	p	$p=\pi m$	
齿厚	s	$s=p/2=\pi m/2$	
槽宽	e	$e=s=p/2=\pi m/2$	
基圆齿距	p_b	$p_b=p\cos\alpha=\pi m\cos\alpha$	
齿顶高	h_a	$h_a=h_a^* m=m$	h_a^* 为齿顶高系数，标准齿 $h_a^*=1$，短齿 $h_a^*=0.8$
齿根高	h_f	$h_f=(h_a^*+c^*)m=1.25m$	c^* 为顶隙系数，标准齿 $c^*=0.25$，短齿 $c^*=0.3$
齿高	h	$h=h_a+h_f=(2h_a^*+c^*)m=2.25m$	
顶隙	c	$c=c^* m=0.25m$	
分度圆直径	d	$d=mz$	
基圆直径	d_b	$d_b=d\cos\alpha=mz\cos\alpha$	
齿顶圆直径	d_a	$d_a=d+2h_a=m(z+2)$	
齿根圆直径	d_f	$d_f=d-2h_f=m(z-2.5)$	
齿宽	b	$b=(6\sim12)m$，通常取 $b=10m$	
中心距	a	$a=d_1/2+d_2/2=m(z_1+z_2)/2$	

3. 齿轮啮合条件

齿轮传动是轮齿与轮齿相互接触并逐齿进入和退出啮合的。一对齿轮能连续顺利地传动，需要各对轮齿依次正确啮合互不干涉。标准直齿圆柱齿轮的正确啮合条件为：

1）为保证传动时不出现因两齿廓局部重叠或侧隙过大而引起卡死或冲击现象，必须使两齿轮基圆齿距相等，即 $p_{b1} = p_{b2}$。

2）两齿轮的模数必须相等，即 $m_1 = m_2$。

3）两齿轮分度圆上的压力角必须相等，即 $\alpha_1 = \alpha_2$。

二、带传动

带传动是以带作为中间挠性件，依靠带与带轮之间的摩擦力来传递运动和动力的机械传动形式。

1. 带传动的特点与类型

（1）带传动的特点

1）由于带是一个弹性体，具有很好的挠性，可缓和冲击和吸收振动，所以传动较为平稳，噪声小。

2）过载时打滑具有安全保护作用，可以防止薄弱零件损坏。

3）适用于两轴中心距较大的场合。

4）结构简单，制造、安装、维护较方便，使用成本低。

5）外廓尺寸大，结构不够紧凑。

6）带传动传动比不够准确，摩擦会引起功率浪费现象，效率较低。

7）带传动需要张紧装置，且带的寿命较短。

带传动适用于中小功率及较远距离的动力传递，如机床、输送机械以及工业机器人的动力传递。一般传动功率 P 不超过 100kW，带速 v 为 5～25m/s，平均传动比 i 不超过 7，传动效率 $\eta = 0.90～0.97$。

（2）带传动的类型　带传动机构主要由主动带轮、从动带轮、带及机架（图中未画出）四部分组成，如图4-3所示。根据传动原理不同，带传动分为摩擦型和啮合型两大类。摩擦型带传动由于弹性滑动因素和超载时产生打滑现象，引起传动比不准确。啮合传动由于带与带轮上轮齿相互嵌合，可保证同步传动，传动比较准确。摩擦型带传动应用较多，它又分为平带传动、V带传动、圆带传动和多楔带传动等几种，如图4-4所示。

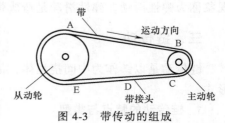

图 4-3　带传动的组成

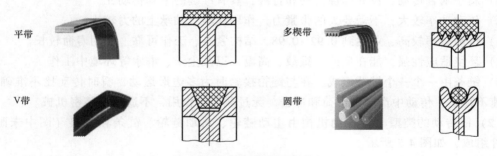

图 4-4　摩擦型带传动的种类

2. 摩擦型带传动的参数及影响

在摩擦型带传动中，带张紧在两带轮之间，产生张紧力 T，使带紧紧包绕在两轮上，带与带轮之间产生正压力 N。当主动轮运动时，带与主动轮产生摩擦力，使带运动。带与从动轮之间也产生摩擦力，从动轮在此摩擦力作用下转动。通过带与带轮之间的摩擦力将主动轮的运动和动力间接传递给了从动轮。传动过程为张紧力 T→正压力 N→摩擦力 F→运动。

（1）摩擦力与打滑现象　足够的摩擦力是摩擦型带传动的前提条件，当摩擦力不足时，会发生带在带轮轮面上相对滑动的现象，这种现象称为打滑。打滑会引起运动不连贯或中断，使设备不能正常工作。避免打滑就要设法增加带与带轮之间的摩擦力。摩擦力等于正压力与摩擦因数乘积，即

$$F = \mu N$$

式中　F——摩擦力，N；

μ——摩擦因数；

N——正压力，N。

增大摩擦力的方法有两种：一是增大摩擦系数，摩擦系数与材料和表面粗糙程度有关；二是增加正压力，带与带轮正压力是由带张紧在两带轮上的张紧力引起的，可调整主、从动轮中心距或调整张紧轮，保证足够的张紧力。

（2）张紧力与弹性滑动现象　带张紧在两轮中间产生张紧力。带传动不工作时，带两边拉力相等；当带传动工作时，带与带轮之间产生摩擦力，使其一边拉力增加到 F_1，称为紧边；另一边压力减少到 F_2，称为松边。

带被主动轮卷入的一边成为紧边，被主动轮带出的一边成为松边。由于带是挠性体，受力不同时伸长量也不相同。紧边拉力大，伸长量大；松边拉力小，伸长量小。在由松边向紧边过渡中，主动轮带因为拉力变化有所变长，引起带的速度落后于带轮，同样的现象也发生在从动轮上，但情况相反，带速超前于带轮，从而会引起带在带轮轮面上微量的滑动，这种现象称为弹性滑动。弹性滑动是造成带传动的传动比不够准确的原因之一。

三、链传动

链传动是以链作为中间挠性体，依靠链与链轮之间的啮合来传递运动和动力的机械传动形式。

1. 链传动的特点与类型

（1）链传动的特点

1）属于啮合传动，没有弹性滑动和打滑，具有准确的平均传动比。

2）传动功率较大，不需要大的张紧力，作用在轴、轴承上的力较小。

3）传动效率较高，可达到 0.92~0.98，结构紧凑、工作可靠、使用寿命较长。

4）环境适应性强，能在低速、重载、高温，以及尘土、淋水等环境中工作。

5）链条由一个一个链节组成，在与链轮接触时为多边形运动，瞬时传动比不准确，瞬时链速不稳定，传动中产生动载荷和冲击，无过载保护作用，不适用于精密机械。

（2）链传动的类型　链传动机构由主动链轮、从动链轮、链条和机架（图中未画出）等构件组成，如图4-5所示。

按照用途不同，链可分为传动链、输送链、曳引起重链三类，其中最常用的是传动链。

传动链又分为滚子链和齿形链。链传动的类型见表4-2。

2. 链传动的传动比

在链传动中,主动轮运动时,带动链条运动,链条又带动从动轮运动,从而将动力和运动由主动轮通过链条间接传递给从动轮。主动轮每转过一个轮齿,链条移动一个链节,从动轮也相应转过一个轮齿。

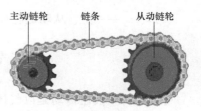

图 4-5 链传动的组成

表 4-2 链传动的类型

类型	图示	结构	特点	用途
滚子链			传动平稳性较差,有一定冲击噪声	一般机械传递运动和动力
齿形链		内导式 外导式	工作平稳,噪声小,耐冲击,允许较高的链速	
输送链			输送平稳、使用动力小、操作简便、运行噪声小	输送工件和材料
曳引起重链			传动效率高,传动轴载荷小,环境适应性强	牵引、悬挂物品,兼做缓慢运动

链传动的传动比 i 定义为主动链轮与从动链轮的转速之比,计算上也等于从动链轮与主动链轮的齿数比,即

$$i = \frac{n_1}{n_2} = \frac{z_2}{z_1}$$

式中 n_1、n_2——主、从动链轮转速,r/min;

z_1、z_2——主、从动链轮齿数。

第二节 气压传动与液压传动

气压传动和液压传动是以气体或液体作为工作介质来传递运动和动力的传动形式，其执行元件可以直接获得直线运动，并且传递功率较大。气压传动和液压传动在机床、工业机器人、工程机械、交通运输机械、船舶及航空航天等工业领域应用很广，许多场合可以代替机械传动。

一、气压传动系统

1. 气压传动的工作原理和系统组成

（1）气压传动的原理 气压传动是利用空气压缩机，将原动机输出的机械能转换为空气的压力能，然后在控制元件和辅助元件的配合下，再通过执行元件把空气的压力能转化为机械能，从而带动负载直线或回转运动。

机床的工件夹紧气压传动系统如图 4-6 所示。其动作过程是：当工件到达指定位置后，气缸 A 活塞杆伸出将工件定位，然后两侧的气缸 B 和 C 的活塞杆同时伸出，从两侧面对工件夹紧后，再切削加工，加工完成后各夹紧缸活塞杆退回，将工件松开。

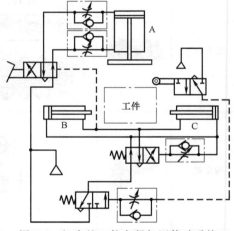

图 4-6 机床的工件夹紧气压传动系统

（2）气压传动系统的组成 气压传动系统主要由气源装置、执行元件、控制元件、辅助元件和工作介质等几部分组成。

1）气源装置。气源装置是获得压缩空气的装置，主要是空气压缩机和气源净化装置。其作用是产生具有足够压力、流量的压缩空气，同时将其净化、处理及储存。常见的气源净化装置有后冷却器、除油器、储气罐和空气干燥器等。

① 空气压缩机主要有活塞式、离心式、螺杆式和叶片式，选择空气压缩机时主要以工作压力和流量为依据。活塞式适用于压力较高的中、小流量场合；离心式运转平稳、排气均匀，适用于低压、大流量的场合；螺杆式适用于压力较低的中、小流量的场合；叶片式适用于低、中压力的中、小流量的场合。

② 后冷却器安装在空气压缩机的出口，其作用是将压缩空气的温度由 $140 \sim 170℃$ 降低到 $40 \sim 50℃$，使其中的油雾和水汽达到饱和，凝结成油滴和水滴被分离和清除，达到初步净化的目的。冷却方式有风冷式和水冷式两种。

③ 除油器的作用是分离压缩空气中的油分、水分和灰尘等杂质。

④ 储气罐的作用是消除空气压缩机的压力脉动，保证气源压力的稳定性；当空气压缩机停机时，储气罐的压缩空气可作短时动力源使用；进一步分离出压缩空气中的水和油等杂质。

⑤ 空气干燥器的作用是吸收、排除压缩空气中的水分、油分和杂质，常用的有冷冻法和吸附法。冷冻法是使压缩空气冷却到露点温度，析出水分。吸附法是利用具有吸附性能的吸附剂（如焦炭、活性氧化铝、分子筛等物质）表面吸附水分的特性来达到干燥、过滤的目的。

2）执行元件。执行元件是将压缩空气的压力能转换为机械能的装置，主要有气缸和气马达。气缸可分为做往复摆动和做往复直线运动两种类型，而做往复直线运动的气缸又可分为单作用、双作用、膜片式和冲击气缸四种。气缸的结构由端盖、缸筒、活塞、活塞杆和密封件组成。气马达将压缩空气的压力能转化为旋转的机械能，利用工作腔的容积变化来做功，按结构形式可分为叶片式、活塞式、齿轮式等型式。

3）控制元件。控制元件是用来控制和调节压缩空气的流动方向、压力、流量大小的装置。其中用于改变和控制气流流动方向的称为方向控制阀，如单向阀、换向阀等；用于控制和调节压缩空气压力的称为压力控制阀，如溢流阀、减压阀等；用于控制和调节压缩空气流量的称为流量控制阀，如节流阀、调速阀等。各控制阀的基本上都是由阀体、阀芯和驱动阀芯运动的装置组成的。

① 方向控制阀可分为单向阀和换向阀两类。换向阀按通口数目可分为二通阀、三通阀、四通阀和五通阀，按阀芯工作的位置数目可分为二位阀、三位阀。其工作原理、图形符号等与液压传动中的控制阀节元件相同。

② 压力控制阀用来控制气压或通过压力信号实现动作控制，包括溢流阀、减压阀、顺序阀和压力继电器等。

③ 流量控制阀是通过改变阀口的气体阻力来控制流量，从而调节执行元件运动速度的控制阀。常用的流量控制阀包括节流阀、调速阀、溢流节流阀等。

4）辅助元件。辅助元件是用于压缩空气、净化、润滑、消声以及元件间连接的装置，如过滤器、油雾器、消声器、干燥器、转换器、管道及管接头等。

① 过滤器用来滤除压缩空气中的油污、水分和灰尘等杂质。常用的过滤器有一次过滤器、二次过滤器和高效过滤器。一次过滤器也称简易过滤器，可过滤掉空气中的一部分灰尘和杂质，空气进入空气压缩机之前，必须经过简易过滤器。多采用纸质过滤器和金属过滤器。二次过滤器利用离心力将空气中的水分、油污和杂质等分离出来。

② 油雾器将润滑油雾化后和压缩空气一同送入管路中，对气动元件进行润滑。

③ 在气动系统中将压缩空气排向大气时，会引起气体振动，发出强烈的排气噪声。消声器就是用来消除和减弱这种噪声的，一般安装在换向阀的排气口。

④ 转换器是用来将电、液、气信号相互转换的辅助元件。常用的有电-气、气-电、气-液转换器。气-液转换器把空气压力转换成相同的液体压力，电-气转换器将电信号转换为气信号。

5）工作介质。气压传动系统用空气作为工作介质。空气的干湿程度对气压传动系统的稳定性和使用寿命有很大影响，因此，需要对空气中的含水量进行限定，如安装空气干燥器。空气的体积随压力增大而减小的性质称为压缩性，随温度升高而增大的性质称为膨胀性。

2. 气压传动技术的特点与应用

（1）气压传动技术的特点

1）空气介质取用方便，不污染环境。空气的黏度小，流动阻力小，便于集中供气和远距离输送。

2）气压传动反应快，控制灵敏，动作迅速。

3）工作安全可靠，使用寿命长，环境适应性好。

4）气动元件结构简单，成本低。

5）气压传动系统运动稳定性差，由于空气的可压缩性，载荷变化会影响到系统的速度和位置精度。

6）工作压力受到限制，无法获得大的动力。

7）在排气时有较大的排气噪声。

（2）气压传动系统的应用　气压传动系统由于控制简单、成本低、灵活性强，被广泛应用于各种行业中。在汽车制造行业，如车身的装配使用气动装置抓取和定位，车身焊接时焊机焊头的快速移动也是使用气压传动技术。家用电器的装配生产线上，可以看到各种气缸、气爪、真空吸盘等灵巧地将电子元器件抓起，送到指定的精确位置上。在自动化生产线上，工件的搬运、转位、定位、夹紧、进给、装配、装卸、检测和清洗等许多工序中都大量使用了工业机器人及气压传动技术。气压传动技术还广泛应用于化肥、粮食、药品和食品等许多行业，实现物料的自动计量包装。

工业机器人根据应用类型的不同会选用不同的控制系统和柔性工装。例如，焊接用工业机器人通常采用快速气动夹具进行粗定位和固定，精准定位采用伺服控制系统；搬运工业机器人大部分利用真空吸盘或者气动手爪进行定位和抓取物件。

3. 气压传动系统的安装与调试

（1）安装

1）安装前应检查元件的数量、型号、规格与技术资料中是否一致，检查和清洗管道。

2）安装时应按系统安装图中标明的安装、固定方法安装。

3）人工操作的阀应安装在方便操作的地方，操作力不宜过大。

4）管路走向应合理，尽量平行布置，力求最短，减少交叉，弯曲要少，并避免急剧弯曲。软管的弯曲半径应在其管径的10倍以上。

5）不同功能的管道要以颜色标记，一般用灰色或蓝色，精滤管道用天蓝色。

6）管接头的几何轴线必须与管道接口部分的几何轴线重合，否则会造成密封不好。

（2）调试

1）调试前的准备。

① 先检查机械部分再进行气压回路的调试。

② 调试前仔细阅读气压回路图，明确系统的工作过程。

③ 在必要的部位安装临时压力表以观察压力。接好临时电源，检查电磁阀额定电压是否与试验电压一致。连接好气源。

2）阀及密封试验。

① 打开气源开关，逐渐增大进气压力，检查气管接头处是否有漏气现象。若有泄漏先将压力降到零，方可拆卸。

② 调节每个支路上的调压阀，观察压力变化是否正常。

③ 对电磁阀逐个进行手动换向和通电换向。若电磁阀不换向，可以提高压力进行试验。

手动换向后，必须恢复到原位。

3）负载试机。密封性试验完毕后，方可进行工作性能试验。先将压力调低，让系统在工作状态下运行，观察系统的动作是否正确，是否有异响、振动、高速冲击等，逐渐加大压力，检查系统的输出参数是否满足要求。若一切正常，方可交付使用。

4. 气压传动系统的维护

1）每天检查油雾器的调节情况及油面高度，及时排放掉过滤器中的水。

2）每周检查信号发生器，如果有杂质沉积应及时处理，查看调压阀上的压力表。

3）每三个月检查一次管道连接处的密封，更换移动部件上的管道。检查阀口有无泄漏。用肥皂水清洗过滤器内部，并用压缩空气将其吹干。

4）每半年需检查气缸内活塞杆的支承点，如果有磨损应及时更换，同时更换刮板和密封圈。

5）定期检查各连接部位有无松动；对气缸、油雾器、各种阀的活动部位定期加润滑油。

6）检修后的元件必须清洗干净才能重新装配，注意防止密封圈损坏，安装方向要正确。

7）气缸拆下长期不用时，加工表面应涂防锈油，气口加防尘塞。

8）设备长期不用时，应将各手柄及弹簧放松，以延长元件的使用寿命。

二、液压传动系统

液压传动系统与气压传动系统的工作原理和基本回路是相似的，但两者介质不同，气压传动的介质是空气，液压传动的介质是液压油，因此液压传动和气压传动在性能上存在一定差别。

1. 液压传动的工作原理和系统组成

（1）液压传动的工作原理　液压传动是以液体为工作介质，通过能量转换实现执行机构动作的一种传动方式。液压传动系统工作时先由液压泵将原动机的机械能转换为液压油的压力能，在控制调节元件的配合下，再通过液压缸将液体的压力能转化为机械能，从而带动负载运动。

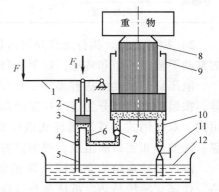

液压千斤顶工作示意如图 4-7 所示。液压系统可根据功能分为举升液压缸和手动液压泵两部分。其中，举升液压缸由大活塞和大液压缸组成，手动液压泵由杠杆手柄、小液压缸、小活塞和单向阀组成。工作过程分为重物的升起和下落。

图 4-7　液压千斤顶工作示意

1—杠杆手柄　2—小液压缸　3—小活塞
4、7—单向阀　5—吸油阀　6、10—管道
8—大活塞　9—大液压缸
11—截止阀　12—油箱

1）重物的升起过程。抬起手柄带动小活塞上移，小活塞下方油腔容积增大，形成局部真空，这时单向阀被打开，真空吸力将液压油从油箱中通过吸油管吸入到小液压缸内。压下手柄带动小活塞下移，小活塞下方油腔压力增大，单向阀自动关闭，使油液不能倒流，同时单向阀自动打开，小活塞下方油腔的液压油经管道进入大液压缸的下腔，使大活塞向上移动，顶起重物。往复

扳动手柄，不断地把液压油压入大液压缸下腔，重物被逐渐升起。

2）重物的下落过程。打开截止阀，大液压缸下腔的油液通过管道、截止阀流回油箱，重物在重力作用下向下移动。

（2）液压传动系统的组成 液压传动系统主要由动力元件、执行元件、控制元件、辅助元件和工作介质等几个部分组成。

1）动力元件。动力元件是将原动机（如电动机）的机械能转换为液压油压力能的装置，其作用是从油箱吸入液压油，形成压力送到执行元件，是系统的动力源，如各类液压泵。液压泵多采用容积泵，靠密封容积周期性增大和减小，实现吸油和排油。

液压泵按流量是否可调分为变量泵和定量泵。变量泵的输出流量可以根据需要来调节，而定量泵的流量则不能调节。液压泵的图形符号如图4-8所示。

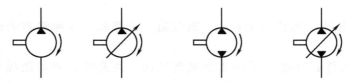

a) 单向定量液压泵　　b) 单向变量液压泵　　c) 双向定量液压泵　　d) 双向变量液压泵

图 4-8　液压泵的图形符号

液压泵按结构可分为齿轮泵、叶片泵、柱塞泵三种，其优、缺点见表4-3。

表 4-3　液压泵的优、缺点

分 类		优 点	缺 点
齿轮泵	外啮合齿轮泵	结构简单、体积小、价格便宜，对液压油的清洁度要求低，工作可靠	流量脉动大、噪声大、泄漏较大
	内啮合齿轮泵		
叶片泵	单作用式叶片泵	运转平稳、流量均匀、噪声小	转速不能太高，对油的污染较敏感
	双作用式叶片泵		
柱塞泵	轴向柱塞泵	结构紧凑、效率高、泄漏小、可在高压下工作	结构复杂、价格高、对油的清洁度要求高
	径向柱塞泵		

2）执行元件。执行元件是将液压油的压力能转换为机械能的装置，其作用是在液压油的推动下输出转矩和转速，以驱动负载，如各类液压缸和液压马达。

液压缸的分类方法有多种，按结构形式可分为活塞式、柱塞式、伸缩式和齿轮齿条式等，按运动方式可分为直线往复运动式和回转摆动式，按受液压油压力作用情况可分为单作用式、双作用式。双活塞杆式液压缸结构如图4-9所示，它主要由缸筒、缸盖、压盖、活塞、活塞杆和密封圈组成，根据需要还可以加入缓冲装置与排气装置等。

液压马达在结构上与液压泵相似，按结构形式可分为齿轮式液压马达、叶片式液压马达、柱塞式液压马达。液压泵与液压马达是可逆工作的液压元件，向液压泵输入工作液体，可使其变成液压马达工况；反之，当液压马达的主轴由外力矩驱动时，也可变为液压泵工况。液压泵与液压马达在系统中的作用不同，液压泵是动力元件，而液压马达是执行元件，二者在使用时仍有较大不同。

3）控制调节元件。控制调节元件是用来控制液压传动系统中液压油的流动方向、压

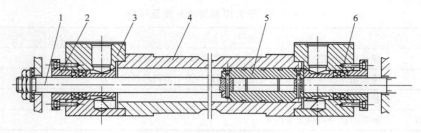

图 4-9　双活塞杆液压缸结构
1—活塞杆　2—压盖　3—缸盖　4—缸筒　5—活塞　6—密封圈

力、流量大小的装置。控制液压油通、断和流向的称为方向控制阀，如单向阀、换向阀等。控制压力的称为压力控制阀，如溢流阀、减压阀等。控制流量的称为流量控制阀，如节流阀、调速阀等。各控制阀都是由阀体、阀芯和驱动阀芯运动的装置组成。

　① 方向控制阀用来控制工作元件的起动、停止和改变运动方向，可分为单向阀和换向阀两类。常用方向控制阀的分类与图形符号见表 4-4。

表 4-4　常用方向控制阀的分类与图形符号

名　称	图　形　符　号	图形符号含义
普通单向阀		
液控单向阀		
二位二通		
二位三通		用方框表示阀的工作位置,即有几个方框就是几"位"。方框外有几个连接的接口就表示几"通" 　阀与供油系统连接的进油口用字母 P 表示,回油口用字母 T 表示。阀与执行元件连接的油口用字母 A、B 等表示 　符号"┬"或"⊥"表示该油路不通 　在绘制图形时,油路一般连接在常态位上
二位四通		
二位五通		
三位四通		
三位五通		

　② 压力控制阀用来控制液压油的压力或通过压力信号实现动作控制，包括溢流阀、减压阀、顺序阀和压力继电器等。压力控制阀的分类及作用见表 4-5。

表 4-5　压力控制阀的分类及作用

分　类	作　用
溢流阀	保持压力恒定,起稳压、调压和限压的作用,防止系统过载
减压阀	降低输出液压油的压力,可使液压泵提供多个不同的稳定压力
顺序阀	控制执行元件动作的先后顺序
压力继电器	将压力信号转换为电信号

③ 流量控制阀是通过改变阀口的液体阻力来控制流量,从而调节执行元件运动速度的控制阀。常用的流量控制阀包括节流阀、调速阀、溢流节流阀等。

4）辅助元件。辅助元件主要包括油箱、热交换器、油管、蓄能器、过滤器和压力计等,其作用分别为储油、输油、过滤和测压力等。

① 油箱的作用是储存液压油,对油液散热,并排出油液中的气体和沉淀杂质等。

② 热交换器是指在温度较高的地方,需安装冷却器散热,在温度较低的地方,需安装加热器对油液加热。

③ 油管管路和管接头应有足够的强度和良好的密封性,防止液压油的泄漏,还要拆装方便。

④ 蓄能器是一种储能元件,当负载需要的流量小于液压泵流量时,多余流量存入蓄能器,当系统需要大流量的液压油时,蓄能器中的液压油被释放出来,补充动力。

⑤ 过滤器的作用是过滤液压油中混入的杂质,可以安装在各种输油管路上,但不可安装在油液流动方向可能变换的管路上,并且滤芯的清洗、更换要方便。

5）工作介质。液压传动系统的工作介质是液压油,一般为矿物油,通常认为具有不可压缩性。液压系统通过工作介质实现动力传递。液压油还能对液压系统中运动的零件起润滑作用。

应根据液压系统的工况和工作环境选择液压油的品种、牌号和黏度级别,液压设备说明书中有对液压油的规定。

油箱通气孔上要装过滤器,防止空气中的污染物进入。管路应采用精度较高的过滤器。液压油不得在高温下使用,需要定期检查和更换。

2. 液压传动技术的特点与应用

（1）液压传动技术的特点

1）传动平稳。液压油具有吸收振动和冲击的能力,还可以在油路中设置缓冲装置,使液压传动更加平稳,可频繁换向,被广泛用于要求传动平稳的机械上。

2）无级调速,调速范围较大。只要调节液体的流量就可实现无级调速,并且可获得极低的速度。

3）体积小、重量轻、动作灵敏、传递功率大,易于实现往复传动和复杂动作,在自动化生产线中应用普遍。

4）易于过载保护,只要装有安全阀就可防止过载,避免事故。

5）液压元件的系列化、标准化和通用化,便于系统设计和应用。

6）由于液压油存在漏损和微小的可压缩性,管路也会产生弹性变形,因此液压传动不适用于传动比要求严格的场合及远距离传动。

7）液压系统对液压元件的制造精度和液压油要求较高，使用和维护成本较高。

（2）液压传动技术的应用　液压传动技术在各个领域的应用非常广泛，如在组合机床、数控机床等加工设备上，液压系统完成运动部件的驱动与控制；工程机械中起重机吊臂的伸缩、变幅、转台回转、重物的提升和下降等均通过液压实现；军事工业中火炮操纵装置、方向舵控制装置、飞机起落架的收放装置等大型设备的机构动作都是通过液压系统实现的。

工业机器人的驱动系统，按动力源可分为液压、气动和电动驱动三大类。也可根据需要由这三种基本类型组合成复合驱动系统。液压驱动系统由于具有动力大、快速响应好、直接驱动等特点，适用于承载能力大、惯量大以及在防爆环境中工作的工业机器人，例如喷漆工业机器人采用液压驱动时，动作速度快，防爆性能好。工业机器人的末端执行器（夹具），在夹紧力要求高的场合也采用液压夹持器。由于液压系统需要进行能量转换（电能转换成压力能），速度控制多采用节流调速，效率比电动驱动系统低。液压系统的液压油泄漏会污染环境。因此，液压驱动多用于负荷为100kg以上的工业机器人，如钢铁行业应用的全液压重载锻压工业机器人等。

3. 液压传动系统的安装与调试

（1）安装

1）安装前的准备。

① 准备工作主要包括物资准备、技术资料的准备和质量检查。检查核对液压元件与技术资料中系统图和明细表上标注的数量、型号和规格是否一致。

② 质量检查包括技术性能是否符合要求，辅助元件是否合格，如电磁阀的电磁铁、压力继电器的微动开关工作是否正常，元件是否有缺损，安装面是否平整，有无锈蚀，密封件是否老化等。

2）元件的清洗。安装前应清除防锈剂和元件上的污物，必要时对管道进行酸洗，先用10%～20%的稀硫酸或稀盐酸溶液浸泡30min，取出后用10%的苏打水中和，再用温水清洗，干燥备用。

3）元件的安装。

① 液压缸的安装。检查活塞杆的直线度，保证缸体安装时与机床导轨的平行度，若误差超出范围，会造成缸体或活塞杆的磨损，导致泄漏、爬行、动作失灵等。

② 液压泵的安装。安装底座应有足够的强度，防止发生振动，吸油高度应尽量小一些。注意液压泵的转向，进出油口不能接反。保证液压泵与其拖动的工作机构的同轴度，一般用弹性连接轴连接，避免用齿轮或V带。

③ 阀的安装。阀通常为水平安装，与地面的连接应可靠，检查各油口的密封圈，进油口和出油口不能接反，不用的油口可用螺塞堵死，以防止液压油泄漏。

④ 管道的安装。安装管道时应注意防振和防漏，并考虑拆卸方便。对较长的管道应使用安装支架或管夹。管道的最小弯曲半径应大于管径的10倍，橡胶软管应尽量远离热源。

（2）调试

1）空载试机。液压泵内灌满液压油，点动电动机起动液压泵，观察泵的转向是否正确，有无异响等，并最终使出油口流出不带气泡的液压油。按起动按钮，并调整溢流阀的调压螺杆，使液压缸能来回运动，检查各元件的动作是否正常。

2）控制阀的调试。调整各阀至规定的工况，让泵在工作状态下运转，执行元件按预定的顺序动作，检查动作的正确性，注意有无异响和液压油泄漏。各项调试完成后，空载运转2h以上，观察系统是否正常。

3）负载试机。先让系统在轻载下运行，并分两三次使负载逐渐达到满载，检查系统的工作压力和工作速度是否符合要求，是否有发热、异响、振动、爬行和高速冲击等现象，检查各接头处是否有液压油外漏，待一切正常后方可交付使用。

4. 液压传动系统的维护

1）按时记录系统的工作压力、速度、电压、电流和油温等参数。

2）定时检查油箱的液位以及污染情况。

3）经常检查接头处是否松动，是否有液压油泄漏。

4）定期对连接螺钉进行紧固。

5）定期更换密封件，清洗和更换滤清器，更换高压软管。

6）定期清洗油箱，更换液压油，加油时应加规定牌号的液压油。

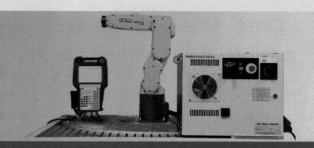

第五单元

电气基础知识

第一节　电路及常用器材

一、电路的基本概念

1. 电路的基本物理量

（1）电流　电荷有规则的运动形成了电流。电流的单位为安培（A）。大小和方向都不随时间改变的电流称为直流电流；大小和方向随时间变化的电流称为交流电流。

（2）电压　电压是表征电场性质的物理量之一，它反映了电场力移动电荷所做的功。电压的单位为伏特（V）。大小和方向都不随时间变化的电压称为直流电压；大小和方向随时间变化的电压称为交流电压。

（3）功率　把单位时间内电路元件吸收或释放的电能定义为该电路的功率，功率的单位为瓦特（W）。

2. 电路基本元件

（1）电阻器　电阻器是一种将电能不可逆地转换为其他形式能量（如热能、机械能等）的理想元件。在电阻元件中不存在电场能及磁场能的贮存。电阻器的单位是欧姆（Ω）。

（2）电容器　电容器是一种能够储存电场能量的电路元件。可将电容器作为储存电场能量的理想元件。电容器的单位是法拉（F）。

（3）电感器　电感器是贮存磁场能量的电路元件，电感的单位是亨利（H）。任何时刻，线性电感器上的电压与该时刻的电流变化率成正比。

电路有三种状态，即有载工作状态、开路状态和短路状态。

3. 交流电与电源

（1）交流电　交变电动势、交变电压、交变电流统称为交流电，其大小与方向随时间做周期性的变化，且在一个周期内平均值为零。目前，广泛使用的是正弦交流电，即电压、电流、电动势随时间按正弦规律变化。以电流为例，正弦电流的解析表达式为 $i(t) = I_m \sin(\omega t + \varphi_i)$，式中 ω、I_m、φ_i 称为正弦量的三要素。

（2）三相电源　工业机器人系统的电气控制柜采用交流供电。目前，电力系统的供电方式几乎都采用交流三相制，即由三个频率相同，振幅一样，而相位彼此相差120°的正弦电动势所组成的电源作为供电系统。对称三相交流电流可以产生旋转磁场，而旋转磁场又是三相异步电动机的工作基础。三相异步电动机结构简单、体积较小、容易制造、价格低廉、运行平稳且维护方便。在输电方面，三相输电系统与单相输电系统相比，在输电距离、输送功率、功率因数和功率损失等都相同的条件下经济得多。

二、电气控制常用元件

电器元件是接通和断开电路或调节、控制和保护电路及电气设备用的电工部件。由控制电器元件组成的自动控制系统称为继电器-接触器控制系统，简称电气控制系统。

生产机械中所用的控制电器元件多属于低压电器元件。低压电器元件是指工作在直流1500V、交流1200V以下的电器元件。低压电器元件种类繁多，构造各异，用途广泛，分类方法也不尽相同，按用途不同可分为以下四类：

控制电器元件：用来控制电路的通断，如开关、继电器元件、接触器等。

保护电器元件：用来保护电源、电路以及用电设备，使它们避免在短路、过载状态下运行而损坏，如熔断器、电流继电器、热继电器等。

主令电器元件：用来控制电器元件的动作，发出控制"指令"，如按钮、主令开关等。

执行电器元件：用来完成某种动作或传递功率，如电磁铁等。

1. 开关

开关是手动或自动控制的低压电器元件，一般用于接通或分断低压配电电源和用电设备，也常用来直接起动小功率的异步电动机。

（1）断路器　断路器是低压配电网络和电力拖动系统中一种非常重要的电器元件，不但能接通和分断电路，还能对电路或电气设备发生的短路、过载及失电压等情况进行保护，同时也可用于不频繁地起停电动机。断路器外形如图5-1所示。

断路器的主要参数是额定电压、额定电流和允许切断的极限电流。断路器与带熔断器的刀开关相比，具有以下优点，如结构紧凑、安装方便、操作安全，而且在进行过载、短路保护时，用电磁脱扣器将三相电源同时切断，可避免电动机断相运行。另外，断路器的脱扣器可以重复使用，不必更换。

图 5-1　断路器外形

（2）转换开关 转换开关（组合开关）实质上也是一种刀开关，不过它的刀片是转动的。它由装在同一根轴上的单个或多个单极旋转开关叠装在一起组成。根据动触片和静触片的不同组合，有许多接线方式。常用的 HZ10 系列组合开关的图形符号和外形如图 5-2 所示。它有三对静触片，每个触片的一端固定在绝缘垫板上，另一端伸出盒外，连在接线上，三个动触片套在装有手柄的绝缘轴上。转动手柄就可将三个触点同时接通或断开。组合开关常用作交流 50Hz、380V 和直流 220V 以下的电源引入开关，5kW 以下电动机的直接起动和正反转控制，以及机床照明电路中的控制开关。

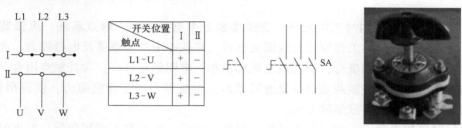

a) 组合开关的图形   b) 单极、三极组合开关符号   c) 外形

图 5-2 HZ10 系列组合开关的图形符号和外形

（3）行程开关 行程开关又称位置开关或限位开关，是一种很重要的小电流主令电器元件。行程开关利用生产设备中某些运动部件的机械位移而碰撞位置开关，使其触头动作，将机械信号变为电信号来接通、断开或变换某些控制电路的指令，借以实现对机械的电气控制要求。这类开关常被用来限制机械运动的位置或行程，使运动机械按一定位置或行程自动停止、反向运动或自动往返运动等。行程开关的图形符号及文字符号如图 5-3 所示。

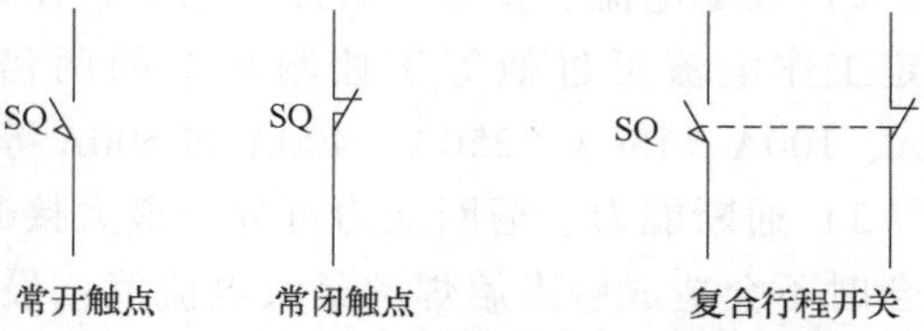

常开触点   常闭触点   复合行程开关

图 5-3 行程开关的图形符号及文字符号

（4）接近开关 接近开关又称无触点的行程开关，它不同于普通行程开关，是一种非接触式的检测装置，当运动着的物体在一定范围内接近它时，它就能发出信号，以控制运动物体的位置。根据工作原理来划分，接近开关有高频振荡型、电容型、霍尔效应型和感应电桥型等，其中以高频振荡型较为常用。接近开关有两线制和三线制之区别，三线制接近开关又分为 NPN 型和 PNP 型，它们的接线是不同的。

三线制接近开关的接线为棕线接电源正端 Vcc，蓝线接电源负端 GND，黑线为信号 Out，应接负载。对于 NPN 型接近开关，负载应接到电源正端 Vcc，如图 5-4a 所示；对于 PNP 型接近开关，负载则应接到电源负端 GND，如图 5-4b 所示。

2. 接触器

接触器是一种用来自动接通或断开大电流电路的电器元件。它可以频繁地接通或分断交直流电路，并可实现远距离控制。其主要控制对象是电动机，也可用于电热设备、电焊机、电容器组等其他负载。接触器具有控制功率大、过载能力强、寿命长和设备简单经济等特点，是电力拖动自动控制电路中使用最广泛的电器元件。接触器可分为交流接触器和直流接触器两大类。

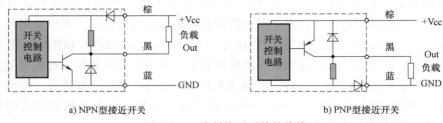

a) NPN型接近开关　　　　　　　　　　　b) PNP型接近开关

图 5-4　三线制接近开关的接线

（1）交流接触器结构与工作原理　交流接触器由电磁机构、触点系统、灭弧装置等部分组成。电磁式接触器的工作原理是线圈通电后，在铁心中产生磁通及电磁吸力。此电磁吸力克服弹簧阻力使得衔铁吸合，带动触点机构动作，常闭触点打开，常开触点闭合，互锁或接通线路。线圈失电或线圈两端电压显著降低时，电磁吸力小于弹簧阻力，使得衔铁释放，触点机构复位，断开线路或解除互锁。

交流接触器按主触点极数可分为单极、双极、三极、四极和五极接触器；按灭弧介质可分为空气式接触器、真空式接触器等；按有无触点可分为有触点接触器和无触点接触器。

（2）交流接触器的主要参数

1）额定电压。额定电压指主触点额定工作电压，应等于负载的额定电压。一只接触器常规定几个额定电压，同时列出相应的额定电流或控制功率。

2）额定电流。接触器触点在额定工作条件下的电流值。380V 三相电动机控制电路中，额定工作电流可近似等于控制功率的两倍。常用额定电流等级为 5A、10A、20A、40A、60A、100A、150A、250A、400A 和 600A 等。

3）通断能力。通断能力可分为最大接通电流和最大分断电流。最大接通电流是指触点闭合时不会造成触点熔焊的最大电流值；最大分断电流是指触点断开时能可靠灭弧的最大电流值。一般通断能力是额定电流的 5~10 倍。当然，这一数值与开断电路的电压等级有关，电压越高，通断能力越小。

4）动作值。动作值可分为吸合电压和释放电压。吸合电压是指接触器吸合前，缓慢增加吸合线圈两端的电压，接触器可以吸合时的最小电压值。释放电压是指接触器吸合后，缓慢降低吸合线圈的电压，接触器释放时的最大电压值。一般规定吸合电压不低于线圈额定电压的 85%，释放电压不高于线圈额定电压的 70%。

3. 热继电器

热继电器主要用于电力拖动系统中电动机负载的过载保护。电动机在实际运行中，常会遇到过载情况，但只要过载不严重、时间短，绕组不超过允许的温升，这种过载是允许的。但如果过载情况严重、时间长，则会加速电动机绝缘的老化，缩短电动机的使用年限，甚至烧毁电动机，因此必须对电动机进行过载保护。

（1）继电器结构与工作原理　热继电器主要由热元件、双金属片和触点组成，其结构与符号如图 5-5 所示。热元件由发热电阻丝做成。双金属片由两种热膨胀系数不同的金属辗压而成，当双金属片受热时，会出现弯曲变形。使用时，把热元件串接于电动机的主电路中，而常闭触点串接于电动机的控制电路中。当电动机过载时，双金属片弯曲位移增大，推动导板使常闭触点断开，从而切断电动机控制电路以起保护作用。热继电器动作后一般不能

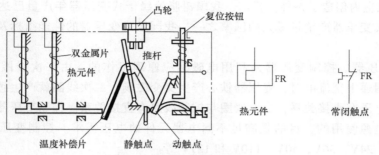

图 5-5 热继电器的结构及符号

自动复位，需等双金属片冷却后按下复位按钮复位。

（2）热继电器的额定电流和整定电流选用 热继电器的额定电流应略大于电动机的额定电流。热继电器的整定电流是指热继电器长期不动作的最大电流值，超过此值即动作。一般将热继电器的整定电流调整到等于电动机的额定电流；对过载能力差的电动机，可将热元件整定值调整到电动机额定电流的 0.6~0.8 倍；对起动时间较长，拖动冲击性负载或不允许停车的电动机，热继电器的整定电流应调节到电动机额定电流的 1.1~1.15 倍。

三、变压器

（1）变压器的工作原理 变压器是利用电磁感应原理工作的，其工作原理示意如图 5-6 所示。变压器的主要部件是一个铁心和套在铁心上的两个绕组。这两个绕组具有不同的匝数且互相绝缘，两绕组间只有磁的耦合而没有电的联系。其中，接于电源侧的绕组称为一次绕组，用于接负载的绕组称为二次绕组。

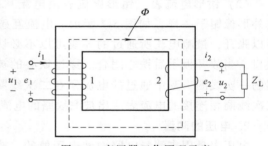

图 5-6 变压器工作原理示意

若将绕组 1 接到交流电源上，绕组中便有交流电流 i_1 流过，在铁心中产生与外加电压 u_1 相同频率的且与一、二次绕组同时交链的交变磁通 Φ，根据电磁感应原理，分别在两个绕组中感应出同频率的电动势 e_2 和 e_1。

若把负载接于绕组 2，在电动势 e_2 的作用下，就能向负载输出电能，即电流 i_2 将流过负载，实现了电能的传递。

一、二次绕组感应电动势的大小正比于各自绕组的匝数，而绕组的感应电动势又近似于各自的电压，因此，只要改变绕组的匝数比，就能达到改变电压的目的，这就是变压器的变压原理。

（2）变压器的分类 按相数分为单相变压器、三相变压器；按冷却方式分为干式变压器、油浸式变压器；按用途分为电力变压器、仪用变压器、试验变压器；按绕组形式分为双绕组变压器、三绕组变压器、自耦变电器。

1）干式变压器。工业机器人系统主要使用干式变压器。相对于油式变压器，干式变压器因没有油，也就没有火灾、爆炸、污染等问题，故电气规范、规程等均不要求干式变压器置于单独房间内。特别是新型干式变压器，损耗和噪声降到了更低的水平，更为变压器与低压屏置于同一配电室内创造了条件。目前，我国树脂绝缘干式变压器年产量已达 10000MV·A，成为世界上干式变压器产销量最大的国家之一，我国干式变压器的性能指标及其制造技术已达世界先进水平。

2）控制变压器。控制变压器是利用电磁感应原理工作的，由一次线圈和二次线圈组成。当一次线圈通上交流电时，变压器铁心产生交变磁场，二次线圈就产生感应电动势。一次线圈与供电电压有直接关系，二次线圈与控制线路有直接关系。控制变压器是作为电气控制电路的供电电源使用的，目的是满足不同电器元件的电压需求。控制变压器输出电压有6V、3V、12V、24V、36V、50V、110V 和 127V 等。

四、常用电工仪表

1. 电流的测量

电流表用来测量电路中的电流值，按所测电流性质可分为直流电流表、交流电流表和交直流两用电流表。就其测量范围而言，电流表又分为微安表、毫安表和安培表。

（1）电流表的使用　在测量电路电流时，需将电流表串联在被测电路中。磁电式电流表一般只用于测量直流电流，测量时要注意电流接线端的"+""－"极性标记，不可接错，以免指针反打损坏仪表。对于有两个量程的电流表，它具有三个接线端，使用时需看清接线端量程标记，根据被测电流大小选择合适的量程，将公共接线端和一个量程接线端串联在被测电路中。

（2）钳形电流表　钳形电流表由电流互感器和电流表组合而成，其外形像钳子一样，如图 5-7 所示。电流互感器的铁心在捏紧扳手时可以张开，被测电流所通过的导线可以不必切断就可穿过铁心张开的缺口，当放开扳手后铁心闭合。穿过铁心的被测导线就成为电流互感器的一次线圈，其中通过的电流便在二次线圈中感应出电流，从而使二次线圈相连接的电流表测出被测线路的电流。

2. 电压的测量

电压表是用来测量电路中的电压值的，按所测电压的性质分为直流电压表、交流电压表和交直流两用电压表，按其测量范围可分为毫伏表、伏特表，按工作原理可分为磁电式、电磁式、电动式仪表。

（1）电压表的选择　电压表的选择原则和方法与电流表的选择相同，主要从测量对象、测量范围、要求精度和仪表价格等方面考虑。工厂内低压配线电路的电压多为 380V 和 220V，对测量精度要求不太

图 5-7　钳形电流表
1—被测导线　2—铁心　3—二次线圈
4—表头　5—量程调节开关
6—胶木手柄
7—铁心开关

高，因此一般多用电磁式电压表，选择量程 450V 和 300V。当测量和检查电子线路电压时，因为对测量精度和灵敏度的要求较高，所以常采用磁电式多量程电压表，其中普遍使用的是万用表的电压挡，其交流测量是通过整流后实现的。

（2）电压表的使用　用电压表测量电路电压时，需将使电压表与被测电压的两端并联，电压表指针所示为被测电路两点间的电压。测量所选用的电压表量程必须大于被测电路的电压，以免损坏电压表。使用磁电式电压表测量直流电压时，应注意电压表接线端上的"+""－"极性标记。进行交流电压的测量时，低电压可采用直接接入法；高电压还需接入电压互感器，通过电压互感器将电压变低，再用普通电压表去测量该电压，但电压表的读数需乘

以电压互感器的电压比才能得到被测电压的实际数值。

3. 万用表

万用表可以测量直流电流、直流电压、交流电压和电阻等,有的万用表还可以测量音频电平、交流电流、电容、电感以及晶体管的 β 值等。万用表的基本原理是建立在欧姆定律和电阻串并联分流、分压规律基础之上的。

(1)万用表的组成及分类 万用表主要由表头、转换开关、分流和分压电路、整流电路等组成。当测量不同的电量或使用不同的量程时,可通过转换开关切换。

万用表按指示方式不同,可分为指针式和数字式两种。指针式万用表的表头为磁电式电流表,主要由表头、测量线路、转换开关三大部分组成。数字式万用表的表头为数字电压表,采用了集成电路和液晶数字显示技术,从根本上改变了传统的指针式万用表的电路和结构。

(2)数字式万用表的使用

1)使用数字式万用表前,应先估计一下被测量值的范围,尽可能选用接近满刻度的量程,这样可提高测量精度。如果不能预先估计被测量值的大小,可从最高量程挡开始测量,逐渐减小到恰当的量程位置。假如测量显示结果只有"半位"上的读数"1",则表示被测数值超出所在挡的测量范围(称为溢出),说明量程选得太小,可换高一挡量程试测。

2)数字式万用表在刚测量时,显示屏的数值会有跳数现象,这是正常的(类似指针式表的表针摆动),应当待显示数值稳定后(不超过 2s),才能读数。测量前先清除表笔氧化层和锈污。

3)数字式万用表的功能多,量程挡位也多。转换量程开关时要慢,用力不要过猛。在开关到位后,再轻轻地左右拨动一下,看看是否真的到位。要确保量程开关接触良好。此外,严禁在测量的同时拨动量程开关,特别是在高电压、大电流的情况下,以防产生电弧烧坏量程开关。

4)用数字式万用表测试一些连续变化的电量和过程,不如用指针式万用表方便直观。如测电解电容器的充、放电过程,测热敏电阻、光电二极管等。此时,可将数字式万用表和指针式万用表结合使用。

5)测 10Ω 以下的精密小电阻时(200Ω 挡),先将两表笔短接,测出表笔线电阻(约0.2Ω),然后在测量中减去这一数值。

6)尽管数字式万用表内部有比较完善的各种保护电路,使用时仍应力求避免误操作,如不可以用电阻挡去测 220V 交流电压等,以免带来不必要的损失。

4. 接地电阻测量仪

接地线和接地体都使用金属材料,统称为接地装置。电力部门按用途不同设有各种接地装置,如保护接地、工作接地和防雷保护接地等。接地装置的接地电阻主要包括接地线电阻、接地体电阻、接地体和土壤的接触电阻以及接地电流途经的土壤电阻等。在上述各种电阻中,接地线和接地体的电阻很小,可以忽略不计。这样,接地装置的接地电阻的数值就是接地体对大地零电位点的电压和流经接地体的电流的比值,即 $R = U/I$。

接地电阻有冲击接地电阻和工频接地电阻之分。冲击接地电阻是按通过接地体的电流为冲击电流时求得的接地电阻值;工频接地电阻是按通过接地体的电流为工频电流时求得的接地电阻。一般在不指明时，接地电阻均指工频接地电阻，测量出的电阻数值即工频接地电阻值，以便衡量其是否符合规程要求。

5. 绝缘电阻表

测试设备或线路的绝缘电阻必须使用绝缘电阻表，不能用万用表来测试。绝缘电阻表是一种具有高电压而且使用方便的测试大电阻的指示仪表。它的刻度尺的单位是兆欧。绝缘电阻表使用原则是测量范围不能过多超出被测绝缘电阻值，避免产生较大误差。施工现场一般是测量 500V 以下的电气设备或线路的绝缘电阻，因此大多选用 500V，阻值测量范围为 0～250MΩ 的绝缘电阻表。绝缘电阻表有三个接线柱，即 L（线路）、E（接地）、G（屏蔽），这三个接线柱根据测量对象的不同来选用。

（1）测试方法

1）照明、动力线路绝缘电阻测试方法。首先切断电源，分次接好线路，按顺时针方向转动绝缘电阻表的发电机摇把，使发电机转子发出的电压供测量使用。摇把的转速应由慢至快，待调速器发生滑动时，要保证转速均匀稳定，不要时快时慢，以免测量不准确。一般绝缘电阻表转速达 120r/min 左右时，发电机就达到额定输出电压。当发电机转速稳定后，表盘上的指针也稳定下来，这时指针读数即为所测得的绝缘电阻值。测量电缆的绝缘电阻时，为了消除线芯绝缘层表面漏电所引起的测量误差，其接线方法除了使用"L"和"E"接线柱外，还需用屏蔽接线柱"G"。将"G"接线柱接至电缆绝缘层上。

2）电气设备、设施绝缘电阻测试方法。线路绝缘电阻在测试中可以得到相对相、相对地六组数据。首先断开电源，可对三相异步电动机定子绕组测三相绕组对外壳（即相对地）及三相绕组之间的绝缘电阻。对三相异步电动机转子绕组测相对相之间的电阻。测相对地时"E"测试线接电动机外壳，"L"测试线接三相绕组，即三相绕组对外壳做一次摇测；若出现不合格时则拆开单相进一步分别摇测。注意，测相对相时，应将相间联片取下。

（2）绝缘电阻值测试标准

1）现场新装的低压线路和大修后的用电设备绝缘电阻应不小于 0.5MΩ。

2）运行中的线路，要求不小于每伏 1000Ω。

3）三相笼型异步电动机绝缘电阻不小于 0.5MΩ。

4）三相绕线式异步电动机的定子绝缘电阻值热态应大于 0.5MΩ，冷态应大于 2MΩ，转子绝缘电阻值热态应大于 0.15MΩ，冷态应大于 0.8MΩ。

5）手持电动工具带电零件与外壳之间绝缘电阻值规定为：Ⅰ类手持电动工具应大于 2MΩ，Ⅱ类手持电动工具应大于 7MΩ，Ⅲ类手持电动工具应大于 1MΩ。

6）变压器一、二次绕组之间及对铁心的绝缘电阻值应大于 2MΩ。

（3）需要进行绝缘电阻值测试的情况

1）新安装的用电设备投入运行前。

2）长期未使用的设备或停用 3 个月以上再次使用前。

3）电动机进行大修后或发生故障时。

4）移动用电设备（如水磨石机、潜水泵、打夯机、平板振动机和软管振动机等）在现场第一次使用前。

5）手持电动工具除了在第一次使用前需要测试，以后每隔一段时期定期测试。

6）安全隔离变压器在使用前。

（4）绝缘电阻表的使用

1）测量电气设备的绝缘电阻时，应先切断电源，然后将设备充分放电。

2）仪表应放置在水平位置。

3）绝缘电阻表的测量引线应使用绝缘良好的单根导线，不得与被测量设备的其他部位接触。

4）测量电容量较大的电动机、电缆、变压器及电容器时，应有一定的充电时间，摇动1min后读值，测试完毕后将设备放电。

5）不能用两种不同电压等级的绝缘电阻表测同一绝缘物，因为对绝缘物所加的电压不同，造成绝缘体产生物理变化不同，使绝缘体内泄漏电流不同，从而影响到所测量的绝缘物的电阻值不同。

6）测试应在良好的天气下进行，周围环境温度不低于5℃为宜。

五、导线与电缆

1. 导线

（1）性能　导线又称为电线，是用来输送电能的。导线应有良好的导电性能，有一定的机械强度，不易氧化和腐蚀，容易加工和焊接，并且材料资源丰富，价格便宜。常用来制作导线的材料有铜、铜锡合金、铝、铝合金和钢材等。

导线包括各种金属和复合金属圆单线，各种结构的架空输电线用的绞线，软接线和型接线等，某些特殊用途的导线，也可采用其他金属或合金制成。对于负载较大、机械强度要求较高的线路，常采用钢芯铝绞线；熔断器的熔体、熔片需具有易熔的特点，应选用铅锡合金；电热材料需具有较大的电阻系数，常选用镍铬合金或铁铬合金；电光源的灯丝要求熔点高，需选用钨丝等。裸导线分单股和多股，主要用于室外架空线，常用的裸导线有铜绞线、铝绞线、钢芯铝绞线。

（2）绝缘导线　绝缘导线是指导体外表有绝缘层的导线。根据其作用不同，绝缘导线可分为电气装备用绝缘导线和电磁线两大类。

1）电气装备用绝缘导线包括将电能直接传输到各种用电设备的电源连接线，各种电气设备内部的装接线，以及各种电气设备的控制、信号、继电保护和仪表用导线。绝缘导线分塑料和橡胶绝缘导线，常用的有铜芯塑料（BV）线、铝芯塑料（BLV）线、铜芯橡胶（BX）线、铝芯橡胶（BLX）线。

2）电磁线是实现电能与磁能互相转换的导电绝缘线。其中漆包线广泛应用于中小型电工产品中，按漆膜及作用特点不同，可分为普通漆包线、耐高温漆包线、自粘漆包线和特种漆包线等。

2. 电缆

电缆种类繁多，按用途分有电力电缆、通信电缆、控制电缆等。最常用的电力电缆是输送和分配大功率电力的电缆。电力电缆由导电线芯、绝缘层和保护层三个主要部分构成，与导线相比，其突出特点是外护层（护套）内包含一根至多根规格相同或不同的聚氯乙烯绝缘导线，导线的芯线有铜芯和铝芯之分，敷设方式有明敷、埋地、穿管、地沟和桥架等。

3. 双绞线

双绞线（TP）是综合布线工程中一种较常用的传输介质，是由两根具有绝缘保护层的铜导线组成的。把两根绝缘的铜导线按一定密度互相绞在一起，每一根导线在传输中辐射出来的电波会被另一根线上发出的电波抵消，有效降低信号干扰的程度。

六、电动机

电动机是指依据电磁感应定律实现电能转换或传递的一种电磁装置，在电路中用字母"M"表示。它的主要作用是产生驱动转矩，作为用电设备或各种机械的动力源。

1. 电动机的分类

（1）按工作电源种类划分　可分为直流电动机和交流电动机。直流电动机按工作原理可分为无刷直流电动机和有刷直流电动机。交流电动机还可分为单相电动机和三相电动机。

（2）按结构和工作原理划分　可分为直流电动机、（交流）异步电动机、（交流）同步电动机。异步电动机的转子转速总是略低于旋转磁场的同步转速。同步电动机的转子转速与负载大小无关而始终保持为同步转速。

（3）控制电动机　可分为步进电动机和伺服电动机。

1）步进电动机是一种把电脉冲信号转变成直线位移或角位移的元件，每输入一个脉冲，步进电动机就前进一步，其直线位移或角位移与脉冲数成正比；线速度或转速与脉冲频率成正比。它广泛用于数控机床、绘图机、轧钢机的自动控制及自动记录仪表中。步进电动机的种类很多，按运动方式可分为旋转运动、直线运动、平面运动等几种，按工作原理可分反应式、永磁式、永磁感应式几种。

2）伺服电动机（Servo Motor）是指在伺服系统中控制机械部件运转的发动机，是一种间接变速装置。伺服电动机可精准控制速度、位置，可以将电压信号转化为转矩和转速以驱动控制对象。伺服电动机转子转速受输入信号控制，并能快速反应，在自动控制系统中，用作执行元件，且具有机电时间常数小、线性度高、始动电压低等特性，可把所收到的电信号转换成电动机轴上的角位移或角速度输出。伺服电动机分为直流伺服电动机和交流伺服电动机两大类。其主要特点是，当信号电压为零时无自转现象，转速随着转矩的增加而匀速下降。

2. 无刷直流电动机

直流电动机具有响应快速，较大的起动转矩，从零转速至额定转速具备可提供额定转矩的性能，但直流电动机的优点也正是它的缺点，因为直流电动机要产生额定负载下恒定转矩的性能，则电枢磁场与转子磁场须恒维持 90°相位差，这就要借由电刷及换向器。电刷及换向器在电动机转动时会产生火花，因此，除了会造成组件损坏之外，其使用场合也受到限制。交流电动机没有电刷及换向器，免维护、坚固、应用场合广，但特性上若要达到相当于直流电动机的性能须用复杂控制技术才能实现。

无刷直流电动机是同步电动机的一种，即是将同步电动机加上电子式控制（驱动器），控制定子旋转磁场的频率并将电动机转子的转速回馈至控制中心反复校正，以期达到接近直流电动机的特性。也就是说无刷直流电动机能够在额定负载范围内当负载变化时仍可以控制转子维持一定的转速。

3. 各类电动机的性能特点及应用

（1）伺服电动机　伺服电动机广泛应用于各种控制系统中，能将输入的电压信号转换为电动机轴上的机械输出量，拖动被控制元件，从而达到控制目的。

（2）步进电动机　步进电动机主要应用在数控机床制造领域，由于步进电动机不需要A—D转换，能够直接将数字脉冲信号转化成为角位移，所以多用于数控机床、自动送料机、打印机和绘图仪中。

（3）力矩电动机　力矩电动机具有低转速和大力矩的性能，在纺织机械中经常使用交流力矩电动机。

（4）开关磁阻电动机　开关磁阻电动机是一种新型调速电动机，结构简单且坚固，成本低，调速性能优异，是传统控制电动机强有力的竞争者，具有强大的市场潜力。

（5）无刷直流电动机　无刷直流电动机的机械特性和调节特性的线性度好，调速范围广，寿命长，维护方便，噪声小，不存在因电刷而引起的一系列问题，所以这种电动机在控制系统中有很大的应用。

（6）直流电动机　直流电动机具有调速性能好、起动容易、能够载重起动等优点，所以目前直流电动机的应用仍然很广泛，尤其在可控硅直流电源出现以后。

（7）异步电动机　异步电动机具有结构简单，制造、使用和维护方便，运行可靠以及质量较小，成本较低等优点。异步电动机广泛应用于驱动机床、水泵、鼓风机、压缩机、起重卷扬设备、矿山机械、轻工机械、农副产品加工机械、家用电器和医疗器械等，特别是在家用电器中应用比较多，例如电扇、电冰箱、空调和吸尘器等。

（8）同步电动机　同步电动机主要用于大型机械，如鼓风机、水泵、球磨机、压缩机、轧钢机，也可用于小型、微型仪器设备或者充当控制元件。其中三相同步电动机是其主体。此外，还可以当调相机使用，向电网输送电感性或者电容性无功功率。

（9）减速电动机　减速电动机是指减速器和电动机的集成体。这种集成体通常也可称为齿轮电动机。减速电动机节省空间，可靠耐用，承受过载能力高，功率可达95kW以上；能耗低，性能优越，减速器效率高达95%以上。

（10）电动机保护器的作用是给电动机全面的保护，在电动机出现过载、断相、堵转、断路、过电压、欠电压、漏电、三相不平衡、过热、轴承磨损或定转子偏心时，予以报警或保护的装置。

4. 步进电动机与伺服电动机性能比较

步进电动机是一种离散运动的装置，在目前国内的数字控制系统中，步进电动机应用广泛。随着全数字式交流伺服系统的出现，交流伺服电动机也越来越多地应用于数字控制系统中。为了适应数字控制的发展趋势，运动控制系统中大多采用步进电动机或全数字式交流伺服电动机作为执行电动机。虽然两者在控制方式上相似（脉冲串和方向信号），但在使用性能和应用场合上存在着较大的差异。

（1）控制精度不同　两相混合式步进电动机步距角一般为3.6°、1.8°，五相混合式步进电动机步距角一般为0.72°、0.36°。也有一些高性能的步进电动机步距角更小，如四通公司生产的一种用于慢走丝机床的步进电动机，其步距角为0.09°；德国百格拉公司（BER-GER LAHR）生产的三相混合式步进电动机，其步距角可通过拨码开关设置为1.8°、0.9°、0.72°、0.36°、0.18°、0.09°、0.072°、0.036°，兼容了两相和五相混合式步进电动机的步距角。

交流伺服电动机的控制精度由电动机轴后端的旋转编码器保证。以松下全数字式交流伺服电动机为例，对于带标准2500线编码器的电动机而言，由于驱动器内部采用了四倍频技术，其脉冲当量为 $360°/10000 = 0.036°$。对于带 17 位编码器的电动机而言，驱动器每接收 $2^{17} = 131072$ 个脉冲，电动机转一圈，即其脉冲当量为 $360°/131072 = 0.0027°$，是步距角为 $1.8°$ 的步进电动机脉冲当量的 $1/655$。

（2）低频特性不同　步进电动机在低速时易出现低频振动现象。振动频率与负载情况和驱动器性能有关，一般认为振动频率为电动机空载起跳频率的 $1/2$。这种由步进电动机的工作原理所决定的低频振动现象对于机器的正常运转非常不利。当步进电动机工作在低速时，一般应采用阻尼技术来克服低频振动现象，比如在电动机上加阻尼器，或驱动器上采用细分技术等。

交流伺服电动机运转非常平稳，即使在低速时也不会出现振动现象。交流伺服系统具有共振抑制功能，可涵盖机械的刚性不足，并且系统内部具有频率解析机能，可检测出机械的共振点，便于系统调整。

（3）矩频特性不同　步进电动机的输出力矩随转速升高而下降，且在较高转速时会急剧下降，所以其最高工作转速一般在 $300 \sim 600 r/min$。交流伺服电动机为恒力矩输出，即在其额定转速（一般为 $2000 r/min$ 或 $3000 r/min$）以内，都能输出额定转矩，在额定转速以上为恒功率输出。

（4）过载能力不同　步进电动机一般不具有过载能力。交流伺服电动机具有较强的过载能力。以松下交流伺服系统为例，它具有速度过载和转矩过载能力。其最大转矩为额定转矩的三倍，可用于克服惯性负载在起动瞬间的惯性力矩。步进电动机因为没有这种过载能力，在选型时为了克服这种惯性力矩，往往需要选取较大转矩的电动机，而机器在正常工作期间又不需要那么大的转矩，便出现了力矩浪费的现象。

（5）运行性能不同　步进电动机的控制为开环控制，起动频率过高或负载过大时易出现丢步或堵转现象，停止时转速过高易出现过冲的现象，所以为保证其控制精度，应处理好升、降速问题。交流伺服驱动系统为闭环控制，驱动器可直接对电动机编码器反馈信号进行采样，内部构成位置环和速度环，一般不会出现步进电动机的丢步或过冲现象，控制性能更为可靠。

（6）速度响应性能不同　步进电动机从静止加速到工作转速（一般为每分钟几百转）需要 $200 \sim 400 ms$。交流伺服系统的加速性能较好，以松下 MSMA 400W 交流伺服电动机为例，从静止加速到其额定转速 $3000 r/min$ 仅需几毫秒，可用于要求快速起停的控制场合。

七、伺服驱动器

伺服驱动器是现代运动控制的重要组成部分，被广泛应用于工业机器人及数控加工中心等自动化设备中。伺服驱动器（Servo Drives）又称为伺服放大器，是用来控制伺服电动机的一种控制器，其作用类似于变频器作用于普通交流电动机，属于伺服系统的一部分，主要应用于高精度的定位系统。一般是通过位置、速度和力矩三种方式对伺服电动机进行控制，实现高精度的传动系统定位。

1. 交流伺服电动机的工作原理

交流伺服电动机内部的转子是永久磁铁，驱动器控制的 U、V、W 三相电形成电磁场，转子在此磁场的作用下转动，同时电动机自带的编码器反馈信号给驱动器，驱动器根据反馈值与目标值进行比较，调整转子转动的角度。伺服电动机的精度取决于编码器的精度（线数）。交流永磁同步伺服驱动器主要由伺服控制单元、功率驱动单元、通信接口单元、伺服电动机及相应的反馈检测器件组成，其中伺服控制单元包括位置控制器、速度控制器、转矩和电流控制器等。伺服控制系统结构如图 5-8 所示。

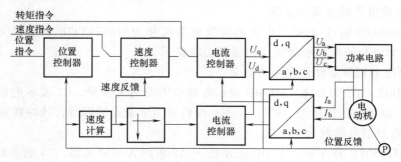

图 5-8　伺服控制系统结构

伺服驱动器均采用数字信号处理器（DSP）作为控制核心，其优点是可以实现比较复杂的控制算法，实现数字化、网络化和智能化。

2. 交流伺服系统的位置控制模式

伺服驱动器输出到伺服电动机的三相电压波形是正弦波（高次谐波被绕组电感滤除），而不是像步进电动机那样是三相脉冲序列。

伺服系统用作定位控制时，位置指令输入到位置控制器，速度控制器输入端前面的电子开关切换到位置控制器输出端，同样，电流控制器输入端前面的电子开关切换到速度控制器输出端。因此，位置控制模式下的伺服系统是一个三闭环控制系统，两个内环分别是电流环和速度环。

由自动控制理论可知，这样的系统结构提高了系统的快速性、稳定性和抗干扰能力。在足够高的开环增益下，系统的稳态误差接近为零。这就是说，在稳态时，伺服电动机以指令脉冲和反馈脉冲近似相等时的速度运行。反之，在达到稳态前，系统将在偏差信号作用下驱动电动机加速或减速。若指令脉冲突然消失（例如紧急停机时，PLC 立即停止向伺服驱动器发出驱动脉冲），伺服电动机仍会运行到反馈脉冲数等于指令脉冲消失前的脉冲数才停止。

3. 电子齿轮的概念

位置控制模式下等效的单闭环位置控制系统框图如图 5-9 所示。指令脉冲信号和电动机编码器反馈脉冲信号进入驱动器后，均通过电子齿轮变换才进行偏差计算。电子齿轮实际是一个分频/倍频器，合理搭配它们的分频/倍频值，可以灵活地设置指令脉冲的行程。例如，工业机器人系统所使用的交流伺服电动机驱动器，电动机编码器反馈脉冲为 2500P/r。在缺

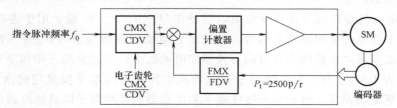

图 5-9　等效的单闭环位置控制系统框图

省情况下，驱动器反馈脉冲电子齿轮分频/倍频值为 4 倍频。如果希望指令脉冲为 6000P/r，就应把指令脉冲电子齿轮的分频/倍频值设置为 10000/6000。从而实现 PLC 每输出 6000 个脉冲，伺服电动机旋转一周，驱动机械手恰好移动 60mm 的整数倍关系。

4. 伺服电动机及伺服驱动装置

以松下 MHMD022G1U 永磁同步交流伺服电动机及 MADHT1507E 全数字交流永磁同步伺服驱动装置为例介绍伺服电动机及伺服驱动装置。

（1）伺服电动机及驱动器型号的含义

1）MHMD022G1U 的含义。MHMD 表示电动机类型为大惯量，02 表示电动机的额定功率为 200W，2 表示电压规格为 200V，G 表示编码器为增量式编码器，脉冲数为 20，分辨率为 1048576，输出信号线数为 5 根线。

2）MADHT1507E 的含义。MADH 表示松下 A5 系列 A 型驱动器，T1 表示最大额定电流为 10A，5 表示电源电压规格为单相/三相 200V，07 表示电流监测器额定电流为 6.5A。驱动器的外观和面板如图 5-10 所示。

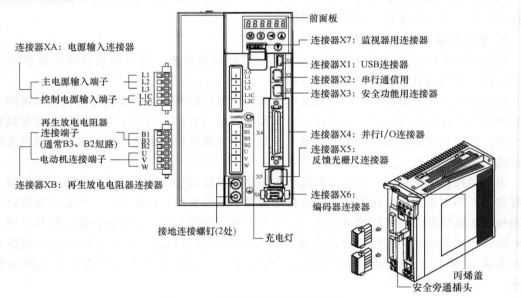

图 5-10　伺服驱动器的外观和面板

（2）接线　MADHT1507E 伺服驱动器面板上有多个接线端口，电气接线如图 5-11 所示。

1）XA。电源输入接口，交流 220V 电源连接到 L1、L3 主电源端子，同时连接到控制电源端子 L1C、L2C 上。

2）XB。电动机接口和外置再生放电电阻器接口。U、V、W 端子用于连接电动机。必须注意，电源电压务必按照驱动器铭牌上的指示，电动机接线端子（U、V、W）不可以接地或短路，交流伺服电动机的旋转方向不像感应电动机可以通过交换三相相序来改变，必须保证驱动器上的 U、V、W、E 接线端子与电动机主回路接线端子按规定的次序一一对应，否则可能造成驱动器损坏。电动机的接线端子和驱动器的接地端子以及滤波器的接地端子必须保证可靠地连接到同一个接地点上。机身也必须接地。B1、B3、B2 端子外接放电电阻。

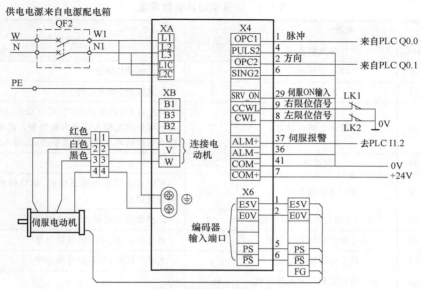

图 5-11 伺服驱动器电气接线

3）X6。连接到电动机编码器信号接口，连接电缆应选用带有屏蔽层的双绞电缆，屏蔽层应接到电动机侧的接地端子上，并且应确保将编码器电缆屏蔽层连接到插头的外壳（FG）上。

4）X4。I/O 控制信号端口，其部分引脚信号定义与选择的控制模式有关，参考手册。

（3）伺服驱动器的参数设置与调整　伺服驱动器有七种控制运行方式，即位置控制、速度控制、转矩控制、位置/速度控制、位置/转矩控制、速度/转矩控制和全闭环控制。位置控制就是输入脉冲串来使电动机定位运行，电动机转速与脉冲串频率相关，电动机转动的角度与脉冲个数相关；速度控制有两种调速方式，一是通过输入直流-10V～+10V 指令电压调速，二是选用驱动器内设置的内部速度来调速；转矩控制是通过输入直流-10V～+10V 指令电压调节电动机的输出转矩，在这种方式下运行必须要进行速度限制，即通过设置驱动器内的参数限制输入模拟量电压限速。

在工业机器人系统中，若伺服驱动装置工作于位置控制模式，西门子 PLC 的 Q0.0 输出脉冲作为伺服驱动器的位置指令，脉冲的数量决定伺服电动机的旋转位移，即机械手的直线位移，脉冲的频率决定了伺服电动机的旋转速度，即机械手的运动速度，西门子 PLC 的 Q0.1 输出脉冲作为伺服驱动器的方向指令。对于控制要求较为简单，伺服驱动器可采用自动增益调整模式。根据上述要求，伺服驱动器参数设置见表 5-1。

八、集成电路

集成电路（Integrated Circuit）是一种微型电子器件或部件。采用一定的工艺，把一个电路中所需的晶体管、电阻器、电容器和电感器等元件及布线互连，制作在一小块或若干块半导体晶片或介质基片上，然后封装在一个管壳内，成为具有所需电路功能的微型结构。其中所有元件在结构上已组成一个整体，使电子元件向着微型化、低功耗、智能化和高可靠性方面迈进了一大步。它在电路中用缩写字母"IC"表示。当今半导体工业大多数应用的是基于硅的集成电路。

表 5-1 伺服驱动器参数设置

序号	参数		设置数值	功能和含义
	参数编号	参数名称		
1	Pr5.28	LED 初始状态	1	显示电动机转速
2	Pr0.01	控制模式	0	位置控制(相关代码 P)
3	Pr5.04	驱动禁止输入设定	2	当左或右(POT 或 NOT)限位动作,则会发生 Err38 行程限位禁止输入信号出错报警。此参数值必须在控制电源断电重启之后才能修改、写入成功
4	Pr0.04	惯量比	250	
5	Pr0.02	实时自动增益设定	1	实时自动调整为标准模式,运行时负载惯量的变化情况很小
6	Pr0.03	实时自动增益的机械刚性选择	13	此参数值设得越大,响应越快
7	Pr0.06	指令脉冲旋转方向设置	1	电动机正转:方向信号低电平
8	Pr0.07	指令脉冲输入方式	3	电动机反转:方向信号高电平
9	Pr0.08	电动机每旋转一转的脉冲数	6000	

1. 集成电路的分类

(1) 按功能分类

1) 数字集成电路。以电平高"1"、低"0"两个二进制数字进行数字运算、存储、传输及转换。基本形式有门电路和触发电路。主要有计数器、译码器、存储器等。

2) 模拟集成电路。处理模拟信号的电路,分为线性与非线性两类。线性集成电路又叫运算放大器,用于家电、自动控制及医疗设备上。非线性集成电路用在信号发生器、变频器、检波器上。

3) 微波集成电路。指工作频率高于 1000MHz 的集成电路,应用于导航、雷达和卫星通信等方面。

(2) 按集成度分类

1) 小规模集成电路(SSI)。10~100 个元件/片,如各种逻辑门电路、集成触发器。

2) 中规模集成电路(MSI)。100~1000 个元件/片,如译码器、编码器、寄存器和计数器。

3) 大规模集成电路(LSI)。1000~10^5 个元件/片,如 CPU,存储器。

4) 超大规模集成电路(VLSI)。10^5 个元件/片,如 CPU(Pentium)含有元件 310 万~330 万个。

2. 集成电路相关参数和常见故障

集成电路各项参数一般对分析电路的工作原理作用不大,但对于电路的故障分析与检修却有不可忽视的作用。

(1) 电参数 不同功能的集成电路,其电参数的项目也各不相同,但多数集成电路均有最基本的几项参数(通常在典型直流工作电压下测量)。

1) 静态工作电流是指集成电路信号输入引脚不加输入信号的情况下,电源引脚回路中的直流电流,该参数对确认集成电路故障具有重要意义。通常,集成电路的静态工作电流均给出典型值、最小值、最大值。如果集成电路的直流工作电压正常,且集成电路的接地引脚也已可靠接地，当测得集成电路静态电流大于最大值或小于最小值时，则说明集成电路发生故障。

2）增益是指集成电路内部放大器的放大能力，通常标出开环增益和闭环增益两项，也分别给出典型值、最小值、最大值三项指标。用常规检修手段（只有万用表一件检测仪表）无法测量集成电路的增益，只有使用专门仪器才能测量。

3）最大输出功率是指输出信号的失真度为10%时的平均功率。输出信号为功放集成电路输出引脚所输出的电信号。

（2）极限参数

1）最大电源电压是指可以加在集成电路电源引脚与接地引脚之间直流工作电压的极限值，使用中不允许超过此值，否则将会永久性损坏集成电路。

2）允许功耗是指集成电路所能承受的最大耗散功率，主要用于各类大功率集成电路。

3）工作环境温度是指集成电路能维持正常工作的最低和最高环境温度。

（3）故障表现

1）集成电路烧坏。通常由过电压或过电流引起。集成电路烧坏后，从外表一般看不出明显的痕迹。严重时，集成电路可能会有烧出一个小洞或有一条裂纹之类的痕迹。集成电路烧坏后，某些引脚的直流工作电压也会明显变化，用常规方法检查能发现故障部位。集成电路烧坏是一种硬性故障，只能更换。

2）引脚折断和虚焊。集成电路的引脚折断故障并不常见，其原因往往是插拔不当所致。如果集成电路的引脚过细，维修中很容易扯断。另外，因摔落、进水或人为拉扯造成断脚、虚焊也是常见原因。

3）增益严重下降。当集成电路增益下降较严重时，集成电路即已基本丧失放大能力，需要更换。对于增益略有下降的集成电路，大多是集成电路的一种软故障，一般检测仪器很难发现，可用减小负反馈量的方法进行补救，不仅有效，且操作简单。当集成电路出现增益严重不足故障时，某些引脚的直流电压也会出现显著变化，所以采用常规检查方法就能发现。

4）噪声大。集成电路出现噪声大故障时，虽能放大信号，但噪声也很大，结果使信噪比下降，影响信号的正常放大和处理。若噪声不明显，大多是集成电路的软故障，使用常规仪器检查相当困难。由于集成电路出现此故障时，某些引脚的直流电压也会变化，所以采用常规检查电压的方法即可发现故障部位。

5）性能下降。这是一种软故障，故障现象多种多样，且集成电路引脚直流电压的变化量一般很小，所以采用常规检查手段往往无法发现，只有采用替代检查法。

6）内部局部电路损坏。当集成电路内部局部电路损坏时，相关引脚的直流电压会发生很大变化，检修中很容易发现故障部位。对这种故障，通常应更换。但对某些情况而言，可以用分立元件代替内部损坏的局部电路。

3. 集成电路的检测

（1）逻辑分析法　逻辑分析法是若怀疑某一集成电路有问题，可先测量该集成电路的输入信号是否正常，再测量集成电路的输出信号是否正常，若有输入而无输出，一般可判断为该集成电路损坏。

（2）直流电阻比较法　直流电阻比较法是把要检测的集成电路各引脚的直流电阻值与

正常集成电路的直流电阻值相比较，以此来判断集成电路的好坏。测量时要使用同一只万用表，同一个电阻挡位，以减小测量误差。直流电阻比较法可以对不同机型、不同结构的集成电路进行检测，但须以相同型号的正常集成电路作为参照。

（3）排除法　排除法是维修中若判断某一部分电路（包含集成电路）有故障，可先检测此部分电路的分立元件是否正常，若分立元件正常，则说明集成电路有问题，应考虑更换集成电路。

（4）直流电压测量法　直流电压测量法是检测集成电路的常用方法，主要是测量集成电路各引脚对地的直流工作电压值，再与标称值相比较，从而判断集成电路的好坏。

4. 集成电路代换方法

（1）直接代换　直接代换是用其他集成电路不经任何改动而直接取代原有集成电路，代换后不影响机器的主要性能与指标。

（2）同一型号代换　同一型号集成电路的代换一般是可靠的，安装时，要注意方向正确，否则，通电时集成电路很可能被烧毁。

（3）不同型号代换

1）型号前缀字母相同、数字不同的集成电路的代换。这种代换只要相互间的引脚功能完全相同，其内部电路和电参数稍有差异，也可相互直接代换。例如：伴音中放集成电路LA1363 和 LA1365，后者比前者在第 5 引脚内部增加了一个稳压二极管，其他完全一样。

2）型号前缀字母不同、数字相同的集成电路的代换。一般情况下，前缀字母表示生产厂家及电路的类别，前缀字母后面的数字相同，大多数可以直接代换。

3）型号前缀字母和数字都不同的集成电路的代换。有些厂家引进未封装的集成电路芯片，然后加工成按本厂命名的产品。还有的为了提高某些参数指标而改进产品。这些产品常用不同型号进行命名或用型号后缀加以区别。例如，AN380 与 uPC1380 可以直接代换，AN5620、TEA5620、DG5620 等可以直接代换。

（4）非直接代换　非直接代换是不能进行直接代换的集成电路对外围电路稍加修改，改变原引脚的排列或增减个别元件等，使之成为可代换的集成电路的方法。

九、电气维修及电气安全技术知识

1. 电气设备检修内容及标准

（1）紧固件　紧固用的螺栓、螺母、垫圈等齐全、紧固、无锈蚀；同一部位的螺母、螺栓规格一致。平垫、弹簧垫圈的规格应与螺栓直径相符合。紧固用的螺栓、螺母应有防松装置；螺母紧固后，螺栓螺纹应露出螺母 1~3 个螺距。

（2）隔爆性能　隔爆电动机轴与轴孔的隔爆接合面在正常工作状态下不应产生摩擦。采用圆筒隔爆接合面时，轴与轴孔配合的最小单边间隙须不小于 0.075mm；采用滚动轴承结构时，轴与轴孔的最大单边间隙须不大于规定值的 2/3；隔爆接合面不得有锈蚀及油漆，应涂防锈油或进行磷化处理；用螺栓固定的隔爆接合面，其紧固程度应以压平弹簧垫圈不松动为合格；观察窗孔胶封及透明度良好，无破损、无裂纹。

（3）接线　接线后紧固件的紧固程度以抽拉电缆不窜动为合格。线嘴压紧应有余量，线嘴与密封圈之间应加金属垫圈。压叠式线嘴压紧电缆后的压扁量不超过电缆直径的 10%；接线装置齐全、完整、紧固，导电良好，绝缘座完整无裂纹。

2. 安全电压

高、低压电气设备的短路、漏电、接地等保护装置必须符合相应的规定。短路保护计算整定合格，动作灵敏可靠。每6个月对电气设备的继电保护装置进行一次检查整定，负荷变化时应及时根据实际负荷调整整定值。剩余电流保护断路器动作可靠。

3. 电气安全保障技术

（1）隔离带电体　隔离带电体是防止人体遭受直接电击事故的最普遍也是最根本的措施之一，常见的方式就是绝缘。良好的绝缘能够保证设备和线路正常运行，也是防止触电事故的必要条件。绝缘材料也能起到其他作用，如散热冷却、机械支撑和固定、储能、灭弧、防潮、防霉以及保护导体等。

（2）电气安全距离　电气安全距离是人体、物体等接近带电体而不发生危险的安全可靠距离。如带电体与地面之间、带电体与带电体之间、带电体与人体之间、带电体与其他设施和设备之间，均应保持一定距离。通常，在配电线路和变、配电装置附近工作时，应考虑线路安全距离，变、配电装置安全距离，检修安全距离和操作安全距离等。

（3）导体的安全载流量　导体的安全载流量是允许持续通过导体内部的电流。持续通过导体的电流如果超过安全载流量，导体的发热将超过允许值，导致绝缘损坏，甚至引起漏电和发生火灾。因此，根据导体的安全载流量确定导体截面和选择设备是十分重要的。

（4）标志　明显、准确、统一的标志是保证用电安全的重要因素。标志一般有颜色标志、标示牌标志和型号标志等。颜色标志表示不同性质、不同用途的导线；标示牌标志一般作为危险场所的标志；型号标志作为设备特殊结构的标志。

4. 安全用电

在用电过程中，必须注意电气安全。如果稍有麻痹或疏忽，就可能造成电源中断、设备损坏，严重的还会引发人身触电事故，或者引起火灾和爆炸。因此，安全用电具有极其重要的意义。

（1）常见的触电形式

1）单相触电。对于高电压，不必接触，只要距离过小，高电压即可对人体放电，造成单相接地触电。

2）两相触电。人体不同部位同时接触两相导线，电流从一相经人体到另一相构成回路，人体承受线电压，触电电流更大，更为危险。

3）跨步电压触电。当电气设备或带电导线发生接地故障，接地电流向大地流散，在地面上形成同心分布电位。人在接地点附近（半径为20m）行走时，两脚之间的电位差称为跨步电压。一旦产生跨步电压，应尽快双脚并拢或单脚跳出危险区。

4）接触电压触电。当人触及漏电设备外壳时，电流通过人体和大地形成回路，造成触电事故，这称为接触电压触电。

5）感应电压触电。当人触及带有感应电压的设备和线路时所造成的触电事故称为感应电压触电，如一些不带电的线路由于大气变化（如雷电活动）会产生感应电荷。此外，停电后一些可能感应电压的设备和线路未接临时地线，这些设备和线路对地均存在感应电压。

6）剩余电荷触电。剩余电荷触电是当人触及带有剩余电荷的设备时，带有电荷的设备对人体放电造成的触电事故。设备带有剩余电荷，通常是由于检修人员在检修中使用绝缘电阻表测量停电后的并联电容器、电力电缆、电力变压器及大功率电动机等设备时，检修前、后没有对其充分放电所造成的。此外，并联电容器因其电路发生故障而不能及时放电，退出运行后又未人工放电，也会导致电容器的极板上带有大量的剩余电荷。

（2）安全用电的措施　电既能造福于人类，也可能因用电不慎而危害人民的生命和国家的财产。因而，在用电过程中必须特别注意电气安全，要防止触电事故，应在思想上高度重视，健全规章制度和完善各种技术措施。

1）组织措施。在电气设备的设计、制造、安装、运行、使用、维护以及专用保护装置的配置等环节中，要严格遵守国家规定的标准和法规。加强安全教育，普及安全用电知识。对从事电气工作的人员，应加强教育、培训、考核，以增强其安全意识和防护技能，杜绝违章操作。建立健全安全规章制度，如安全操作规程、电气安装规程运行管理规程和维护检修制度等，并在实际工作中严格执行。

2）技术措施。在线路上作业或检修设备时，应在切断电源、验电、装设临时地线和悬挂警告牌后进行。在低压电气设备或线路上带电工作时，应使用合格的、有绝缘手柄的工具，穿绝缘鞋，戴绝缘手套，并站在干燥的绝缘物体上，同时派专人监护。检修带电线路时，应分清相线和地线。断开线路时，应先断开相线，后断开地线。搭接线路时，应先接地线，后接相线；接相线时，应将两个线头搭实后再行缠接，切不可使人体或手指同时接触两根线。电气设备的金属外壳要采取保护接地或接零；安装自动断电装置；保证电气设备具有良好的绝缘性能。

5. 触电急救方法

（1）解脱电源　人在触电后可能由于失去知觉而无法自己脱离电源，此时抢救人员不要惊慌，要在保护自己不被触电的情况下使触电者脱离电源。

（2）现场急救　人员触电后 1min 内急救，有 60%～90% 的生还可能；触电后 1～2min 内急救，有 45% 的生还可能；触电 6min 后才急救，只有 10%～20% 的生还可能；时间再长生还的可能性将更小，但仍有可能。所以触电急救必须分秒必争，在急救时要同时呼救，请医护人员。施行人工呼吸和心脏按压必须坚持不懈，直到触电人苏醒或医护人员前来救治为止。只有医生才有权宣布触电人真正死亡。

第 二 节　电 气 识 图

电气控制系统图包括电气原理图、电气元件布置图、电气安装接线图，是为了表达生产机械电气控制系统的结构、原理等设计意图，便于电气系统的安装、调试、使用和维修，将电气控制系统各电气元件及其连接线路用一定的图形表达出来。

一、电气识图的方法和步骤

1. 识读电气图的基本方法

（1）结合电工、电子技术基础知识看图　在实际生产的各个领域中，所有电路（如输电、变电、配电、电力拖动、照明、电子电路、仪器仪表和家电产品等）都是建立在电工、电子技术理论基础之上的。因此，若要迅速、准确地看懂电气图，必须具备一定的电工、电子技术知识。

（2）结合电器元件的结构和工作原理看图　在电路中有各种电器元件，如配电电路中的负荷开关、断路器、熔断器、互感器和电表等；电力拖动电路中常用的各种继电器、接触器、各种控制开关等；电子电路中，常用的各种二极管、晶体管、晶闸管、电容器、电感器及各种集成电路等。因此，在看电气图时，首先应了解这些电器元件的性能、结构、工作原理、相互控制关系及在整个电路中的地位和作用。

（3）结合典型电路识图　典型电路就是常见的基本电路，如电动机的起动、制动、正反转控制、过载保护、时间控制、顺序控制、行程控制电路、晶体管整流、振荡和放大电路、晶闸管触发电路、脉冲与数字电路等。不管多么复杂的电路，几乎都是由若干典型电路组成的。因此，熟悉各种典型电路，在看图时就能迅速地分清主次，抓住主要矛盾，从而看懂较复杂的电路图。

（4）结合有关图样说明看图　图样说明表述了该电气图的所有电气设备的名称及其数码代号，通过阅读说明可以初步了解该图有哪些电气设备，然后通过电气设备的数码代号在电路图中找到该电气设备，再进一步找出相互连线、控制关系，就可以尽快读懂该图，了解该电路的特点和构成。

（5）结合电气图的制图要求看图　电气图的绘制有一些基本规则和要求，具有规范性、通用性和示意性。制图基本知识包括以下几个方面：在绘制电路图时，各种电器元件统一使用国家规定的文字符号和图形符号。主电路部分用粗线画出，控制电路部分用细线画出。一般情况下，主电路画在左侧，控制电路画在右侧。同一电器元件分散绘制时，为了便于识别，它们用同一文字符号标注。对具有相同性质任务的几个电器元件，在文字符号后加数码以示区别。电路中所有电器元件都按"平常"状态绘制。

2. 识读电气图的基本步骤

（1）阅读设备说明书　可以了解设备的机械结构、电气传动方式、电气控制要求；电动机和电器元件的分布情况及设备的使用操作方法；各种按钮、开关、熔断器等的作用。

（2）看图样说明　搞清设计的内容和施工要求，就能了解图样的大体情况，抓住读图的重点。图样说明通常包括图样的目录、技术说明、元件明细表和施工说明等。

（3）阅读主标题栏　了解电气图的名称及标题栏中有关内容。凭借有关的电路基础知识，对该电气图的类型、性质、作用等有明确的认识，同时大致了解电气图的内容。

（4）识读系统图（或框图）　从而了解整个系统（或分系统）的情况，即它们的基本组成、相互关系及其主要特征，为进一步理解系统（或分系统）的工作打下基础。

（5）识读电路图　电路图是电气图的核心，看图难度大。对于复杂的电路图，应先看相关的逻辑图和功能图。识读电路图时，需分清主电路和控制电路，交流电路和直流电路，再按照先看主电路再看控制电路的顺序看图。看主电路时，通常从下往上看，即从用电设备开始，经控制元件，顺次往电源方向看。通过识读主电路，搞清用电设备是怎样从电源取电的，电源经过哪些元件到达负载等。看控制电路时，应自上而下、从左向右看，即先看电源，再看各条回路。通过看控制电路，搞清其回路构成、各元件间的联系（如顺序、互锁等）、控制关系和在什么条件下回路构成通路或断路，分析各回路元件的工作状况及其对主电路的控制情况，从而搞清楚整个系统的工作原理。

（6）对照电路图看接线图　看接线图时，先看主电路再看控制电路。看接线图需根据端子标志、回路标号，从电源端顺序依次查下去，搞清线路的走向和电路的连接方法，即搞清每个元件是如何通过连线构成闭合回路的。看主电路时，从电源输入端开始，顺序依次经过控制元件和线路到用电设备，与看电路图有所不同。看控制电路时，从电源的一端到电源的另一端，按元件的顺序对每个回路进行分析。接线图中的线号是电器元件间导线连接的标记，线号相同的导线原则上都可以接在一起。由于接线图多采用单线表示，因此对导线的走向应加以辨别，并且明确端子板内外电路的连接情况。

二、电气原理图

电气原理图是根据生产机械运动形式对电气控制系统的要求，采用国家标准规定的电气图形符号和文字符号，按照电气设备和电器元件的工作顺序，详细表示电路、设备或成套装置的全部基本组成和连接关系，而不考虑其实际位置的一种简图。电气原理图是用来说明电气控制电路的工作原理、各电器元件的相互作用和相互关系。所以它应包括所有电器元件的导电部分和接线端头。电气原理图一般分主电路和辅助电路（控制电路）两部分。电气原理图中所有电器元件都应采用国家标准中规定的图形符号和文字符号表示。

1. 电气原理图的组成

（1）主电路　主电路是电气控制电路中大电流通过的部分，包括从电源到电动机之间相连的电器元件，通常由组合开关、主熔断器、接触器主触点、热继电器的热元件和电动机等组成。

（2）控制电路和辅助电路　控制电路和辅助电路是主电路以外的电路，其流过的电流比较小，包括控制电路、照明电路、信号电路和保护电路。其中控制电路是由按钮、接触器、继电器的线圈及辅助触点，热继电器触点、保护触点等组成。

2. 电气原理图中电器元件的布局

电气原理图中电器元件的布局，应根据便于阅读原则安排。主电路安排在图面左侧或上方，辅助电路安排在图面右侧或下方。无论主电路还是辅助电路，均按功能布置，尽可能按动作顺序从上到下，从左到右排列。当同一电器元件的不同部件（如线圈、触点）分散在不同位置时，为了表示是同一元件，需在电器元件的不同部件处标注同一文字符号。对于同类器件，需在其文字符号后加数字序号来区别。如两个接触器，可用 KMI、KMZ 文字符号区别。所有电器元件的可动部分均按没有通电或没有外力作用时的状态画出。对于继电器、接触器的触点，按其线圈不通电时的状态画出，控制器按手柄处于零位时的状态画出；对于按钮、行程开关等触点按未受外力作用时的状态画出。应尽量减少线条和避免线条交叉。各导线之间有电导通关系时，在导线交点处画实心圆点。根据图面布置需要，可以将图形符号旋转绘制，一般逆时针方向旋转90°，但文字符号不可倒置。

电器元件布置图是根据其在控制板上的实际安装位置，采用简化的外形符号（如正方形、矩形、圆形等）而绘制的一种简图。布置图并不表达各电器元件的具体结构、作用、接线情况以及工作原理，主要用于电器元件的布置和安装。布置图中各元件的文字符号必须与电路图和接线图上的标注相一致。

3. 电气原理图的标注

（1）图面区域的划分　图样上方的1、2、3……数字是图区的编号，它是为了便于检索电气线路，方便阅读分析从而避免遗漏设置的。图区编号也可设置在图的下方。图区编号下方的文字表明它对应的下方元件或电路的功能，使读者能清楚地知道某个元件或某部分电路的功能，以利于理解全部电路的工作原理。

（2）符号位置的索引　符号位置的索引用图号、页次和图区编号的组合索引法，索引代号的规定如图 5-12 所示。

电气原理图中，接触器和继电器线圈与触头的从属关系应用附图表示，即在原理图中相应线圈的下方，给出触头的图形符号，并在其下面注明相应触头的索引代号，对未使用的触头用"×"表明，有时也可采用省去触头的表示法。KM 线圈及 KA 线圈下方的是接触器 KM 和继电器 KA 相应触头的索引，如图 5-13 所示。

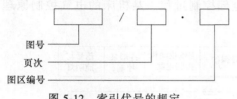

图 5-12　索引代号的规定

图 5-13　接触器 KM 和继电器
KA 相应触头的索引

对图 5-13 所示接触器 KM，各栏的含义如下：

左栏	中栏	右栏
主触头所在图区号	辅助动合触头所在图区号	辅助动断触头所在图区号

对图 5-13 所示继电器 KA，各栏的含义如下：

左栏	右栏
动合触头所在图区号	动断触头所在图区号

（3）电气原理图中技术数据的标注　电器元件的数据和型号，一般用小号字体注在电器元件代号下面，热继电器动作电流值范围和整定值的标注如图 5-14 所示。

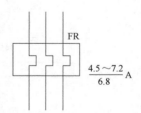

图 5-14　热继电器
动作电流值范围
和整定值的标注

4. 识读电气原理图的方法

1）电气原理图主要分主电路和控制电路两部分。电动机的通路为主电路，接触器吸引线圈的通路为控制电路。此外还有信号电路、照明电路等。

2）各电器元件不画实际的外形图，而采用国家规定的标准，文字符号也要符合国家规定。

3）同一电器元件的不同部件常常不画在一起，而是画在电路的不同地方，同一电器元件的不同部件都用相同的文字符号标明，例如接触器的主触头通常画在主电路中，而吸引线圈和辅助触头则画在控制电路中，但它们都用 KM 表示。

4）同一种电器元件一般用相同的字母表示，但在字母的后边加上数码或其他字母下标以示区别，例如两个接触器分别用 KM1、KM2 表示，或用 KMF、KMR 表示。

5）全部触头都按常态给出。对接触器和各种继电器，常态是指未通电时的状态；对按钮、行程开关等，则是指未受外力作用时的状态。

6）无论是主电路还是辅助电路，各电器元件一般按动作顺序从上到下，从左到右依次排列，可水平布置或者垂直布置。

7）有电导通关系的交叉导线连接点，要用黑圆点表示。无直接联系的交叉导线连接点不画黑圆点。

在阅读电气原理图以前，必须对控制对象有所了解，尤其对于机械、液压/气压、电气相互配合得比较密切的生产机械，单凭电气线路图往往不能完全看懂其控制原理，只有了解了有关的机械传动和液压/气压传动后，才能搞清全部控制过程。某机床的电气控制原理图如图 5-15 所示。

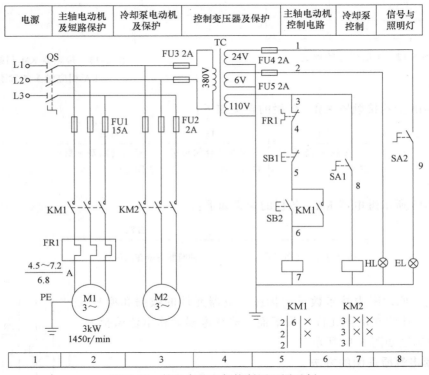

图 5-15　某机床的电气控制原理图示例

三、电气安装接线图

电气安装接线图是根据电气设备和电器元件的实际位置和安装情况绘制的，只用来表示电气设备和电器元件的位置、配线方式和连接方式，而不明显表示电气动作原理。电气安装接线图如图 5-16 所示。

识读接线图应遵循以下原则：

1）接线图中表示的主要内容，包括电气设备和电器元件的相对位置、文字符号、端子号、导线号、导线类型、导线横截面积和屏蔽等。

2）所有的电气设备和电器元件都按其所在的实际位置绘制在图样上，且同一设备的各元件根据实际结构，使用与电路图相同的图形符号画在一起，其文字符号以及接线端子的编号应与电路图中的标志一致，以便对照检查接线。

3）接线图中的导线有单根导线、导线组（或线扎）、电缆等之分，可用连续线和中断线来表示。

四、工业机器人图样识读

1. 工业机器人系统主电路

某工业机器人系统主电源接线图如图 5-17 所示，采用 220V 交流供电，其中 Q 所在虚线框是电源接口，采用了通断开关、熔断器、滤波器三合一

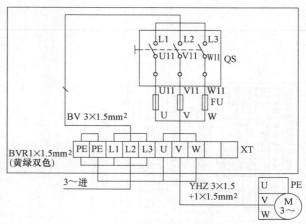

图 5-16　电气安装接线图

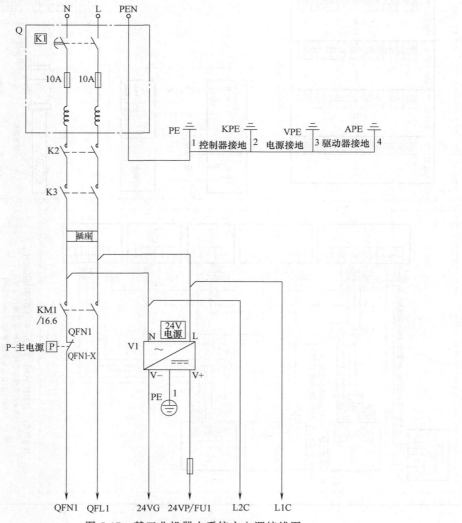

图 5-17　某工业机器人系统主电源接线图

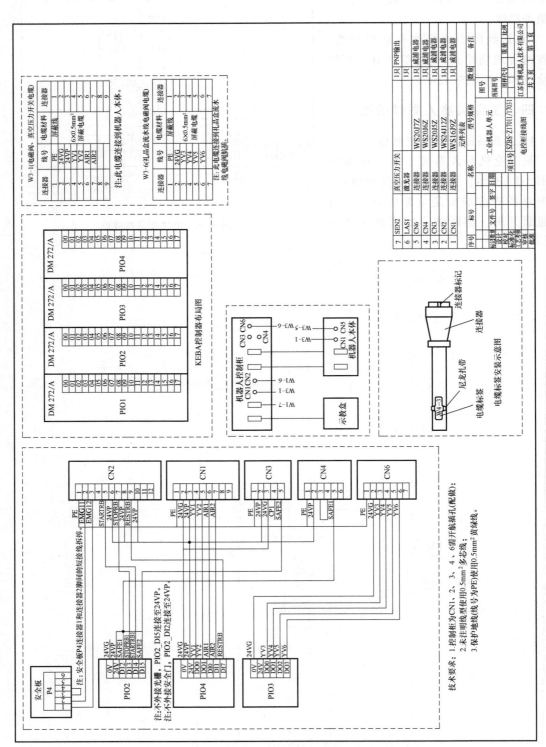

图 5-18 某工业机器人控制柜接线图

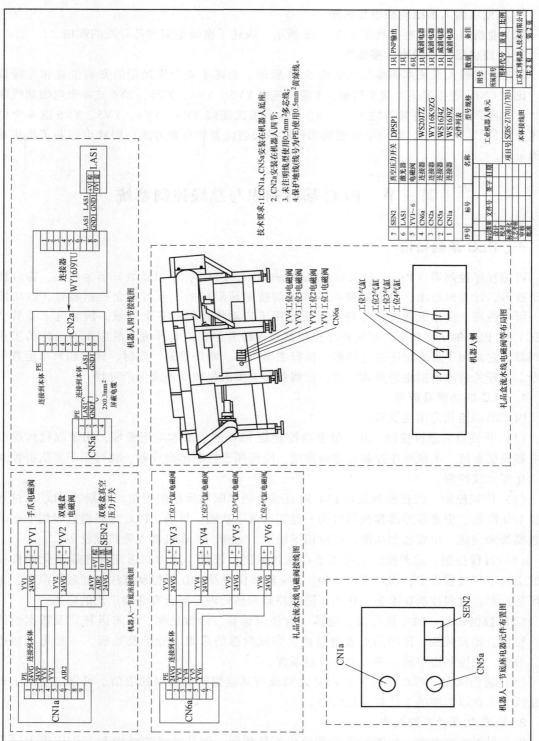

图 5-19　某工业机器人系统本体接线图

结构。K2 为旋转开关，K3 为断路器，然后经接触器到接线排，V1 为 24V 稳压电源。

2. 工业机器人系统电控柜接线图

某工业机器人控制柜接线图如图 5-18 所示，表述了电路走向和各导线的规格。

3. 工业机器人系统本体接线图

某工业机器人系统本体接线图如图 5-19 所示，表述了 4 个连接器的安装位置和连接设备。比如 CN6a 连接器的 1 端子接地，2 端子连接 YV3、YV4、YV5、YV6 这 4 个电磁阀线圈的 "−" 端子；CN6a 连接器的 3、4、5、6 端子依次连接 YV3、YV4、YV5、YV6 这 4 个电磁阀线圈的 "+" 端子。画出了电磁阀和气缸的安装位置和布置方式。图样也注明了连接导线的规格。

第三节　PLC 基础知识与总线控制系统

一、PLC 基础知识

可编程序控制器（Programmable Logic Controller，PLC），是以微处理器为核心，综合微电子技术、计算机技术、自动控制技术和通信技术而形成的工业自动化控制装置，以功能强、可靠性高、使用灵活方便等特点广泛应用于自动化控制的各个领域。国际电工委员会（IEC）对 PLC 的定义如下：可编程序控制器是一种专为在工业环境下的应用而设计的工业控制器，它采用了可编程序的存储器，执行逻辑运算、顺序控制、定时、计数和算术运算等指令，以开关量或模拟量的形式输出，控制各种类型的机械动作或生产过程。

1. PLC 的功能及应用

PLC 的功能及应用主要有：

（1）开关量的逻辑控制　开关量逻辑控制是 PLC 的最基本应用领域，用于取代传统的继电器控制系统，实现顺序控制和逻辑控制，既可用于控制单台设备，也可用于多机群控及自动化流水线控制。

（2）位置控制　位置控制是指 PLC 对直线运动和圆周运动的控制。早期的 PLC 通过开关量 I/O 模块、位置传感器和执行机构一起实现这一功能。目前，PLC 主要通过专用的运动控制模块来完成。位置控制功能广泛应用于机床、电梯、工业机器人等机械设备。

（3）过程控制　过程控制主要用于存在如温度、流量、压力和速度等连续变化的模拟量的工业生产过程当中，PLC 采用 A-D、D-A 转换模块及 PID 等控制算法来处理模拟量，完成闭环控制。过程控制在冶金、化工、锅炉控制和热处理等场合有非常广泛的应用。

（4）数据处理　PLC 具有数学运算（含逻辑运算、函数运算、矩阵运算）及数据的传送、移位、比较转换、排序和查表等功能，完成数据的采集、分析及处理，一般用于如造纸、冶金、柔性制造中的一些大中型控制系统。

（5）通信联网　PLC 可以完成 PLC 之间及与其他智能设备间的通信，可以组建基于现场总线和工业以太网的工厂自动化网络。

2. PLC 的硬件系统结构

PLC 尽管类型繁多，功能和指令系统也不尽相同，但其系统的结构和工作原理大同小异，都是以微处理器为核心，由主机、输入/输出接口、I/O 扩展单元和外部设备等几个主

要部分组成。PLC 的硬件系统结构
如图 5-20 所示。

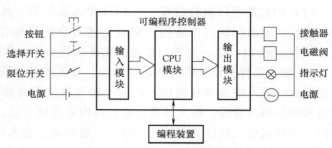

图 5-20　PLC 的硬件系统结构

（1）主机　主机包括中央处理器（CPU）、系统程序存储器、用户程序及数据存储器。CPU 是 PLC 的核心，它通过监控输入/输出接口的状态、运行用户程序、进行数据处理和做出逻辑判断，将结果送到输出端。PLC 的系统程序存储器主要存放系统管理、监控程序以及对用户程序进行编译处理的程序，系统程序已由厂家固定，用户不能更改。用户程序及数据存储器，主要存放用户的应用程序、暂存数据和中间结果。

小型 PLC 多采用 8 位微处理器或单片机，中型 PLC 多采用 16 位微处理器或单片机，大型 PLC 多采用高速位片式处理器（32 位）。

（2）输入/输出（I/O）接口　I/O 接口是 PLC 与输入/输出设备连接的部件。PLC 的输入接口电路的作用是将按钮、传感器、行程开关和触点等产生的信号输入 CPU；PLC 的输出接口电路的作用是将 CPU 输出的信号通过功放去驱动接触器、电磁阀、指示灯等输出设备。PLC 的输入/输出接口电路一般经过光耦合隔离，可有效地保护内部电路。

PLC 的输入接口可分为干接触、直流输入和交流输入 3 种。干接触式由 PLC 内部直流电源供电；直流输入电路由于延迟时间比较短，可直接与光电开关、接近开关等电子输入装置连接。交流输入电路适用于有油雾、粉尘的恶劣环境，必须外接交流电源。

PLC 的输出接口通常有继电器输出、晶体管输出和晶闸管输出 3 种。实际中需要根据负载的特点选择合适的输出接口。

PLC 的 I/O 点数即输入/输出端子数是 PLC 的主要技术指标之一，通常小型机有几十个 I/O 点，中型机有几百个，大型机将超过千个。

（3）电源　PLC 一般使用 220V 交流电源或 24V 直流电源，内部的开关电源为 PLC 的 CPU、存储器等电路提供 5V、12V、24V 直流电源，使 PLC 能正常工作。该电源不足以带动输出负载，带负载时需配置外部直流电源。为防止数据丢失，PLC 还配有锂电池作为后备电源。

（4）输入/输出扩展单元　PLC 的 I/O 扩展接口的作用是将扩展单元和功能模块与基本单元相连，即与主机连接在一起，使 PLC 的配置更加灵活，以满足不同控制系统的需要。

（5）外部设备　PLC 常见的外部设备有编程设备、监控设备、存储设备和输入/输出设备等。PLC 编程主要利用微型计算机作为工具，计算机只要配上相应的硬件接口和软件就可以编程，用户用来输入、检查、修改、调试程序和 PLC 运行监控。

3. PLC 的工作原理

（1）PLC 的工作方式　PLC 采用循环扫描的方式进行工作。即 PLC 运行程序时，CPU 根据用户编制好并存于用户存储器中的程序，从第一条指令开始，按指令地址号顺序逐条执行程序，如果无跳转或中断指令，则正常执行，直至程序结束。然后，重新返回第一条指令，开始下一轮的扫描，周而复始。

（2）PLC 的程序执行过程　当 PLC 投入运行后，其工作过程大致分为输入采样、用户程序执行、输出刷新三个阶段。完成上述三个阶段称作一个扫描周期。在整个运行期间，PLC 控制器的 CPU 以一定的扫描速度重复执行上述三个阶段。

1）输入采样。PLC 在输入采样阶段，按顺序以扫描方式将所有输入端点的输入状态写入相对应的输入映像寄存器中，此时，输入映像寄存器被刷新。接着，PLC 进入程序执行阶段和输出刷新阶段，输入映像寄存器的内容保持不变，直到下一个扫描周期，在输入采样阶段，才刷新输入映像寄存器的内容。一般来说，输入信号的宽度必须大于一个扫描周期，否则很可能造成信号丢失。

2）程序执行。在程序执行阶段，PLC 按用户程序指令存放的先后顺序，按先左后右，先上后下的步序逐条扫描执行。PLC 从输入映像寄存器中读出上一阶段采样的输入端子状态，从输出映像寄存器中读出对应映像寄存器的当前状态，根据用户程序进行运算处理，运算结果再存入输出映像寄存器中。扫描按照从上到下的顺序进行，因此前面的程序执行结果会被后面的程序用到，从而影响后面程序的执行结果，后面的扫描却不会改变前面的扫描结果，如果输入有变化，直到下一个扫描周期再次扫描输入时，才会改变对应程序的执行结果。

3）输出刷新。输出刷新阶段，执行完用户的所有指令后，PLC 将输出状态寄存器的通断状态送到输出锁存器中，并通过一定的方式（继电器、晶体管、晶闸管）输出，驱动外部负载工作。全部输出设备的状态要保持一个扫描周期。

4. PLC 寄存器

不同型号的 PLC 具有不同数量和功能的内部资源，但是构成 PLC 基本特征的内部软件是类似的。现以三菱 FX3U 系列 PLC 为例，介绍其内部资源。PLC 内部的编程元件，通俗地分别称为继电器、计数器、定时器等，它们与真实元件差别很大，一般称为"软继电器"。这些编程用的软继电器的工作线圈没有工作电压等级、功耗等问题，触点也没有数量限制，使用灵活方便。一般情况下，X 表示输入继电器，Y 表示输出继电器，M 表示辅助继电器，T 表示定时器，C 表示计数器，S 表示状态继电器，D 表示数据寄存器。

（1）输入继电器（X）　PLC 的输入端子是从外部开关接收信号的端口，PLC 内部的输入继电器 X 是经过光电隔离的电子继电器，与外部输入信号一一对应。按 X000～X007、X010～X017……这样的八进制格式编号。线圈的吸合或释放只取决于 PLC 外部触点的状态。对应的内部常开/常闭触点供编程时随时使用，使用次数不受限制。

（2）输出继电器（Y）　PLC 的输出端子是向外部负载输出信号的端口。输出按 Y000～Y007、Y010～Y017……这样的八进制格式编号。PLC 的输出继电器的输出端子驱动外部负载（继电器、电磁阀等）使用，它的常开/常闭触点供内部程序使用，使用次数不限。

（3）辅助继电器（M）　PLC 内部有很多软元件的触点驱动的辅助继电器，与输出继电器不同的是它不能直接读取外部输入，也不能直接输出驱动外部负载，只供内部编程使用。它的电子常开/常闭触点使用次数不受限制。外部负载的驱动必须通过输出继电器来实现。在 FX3U 中常用的普通辅助继电器有 M0～M499，共 500 点辅助继电器，其地址号按十进制编号。

（4）定时器（T）　PLC 内的定时器是将 PLC 内 1ms、10ms、100ms 等时钟脉冲进行计数，当所计时间达到设定值时，其输出触点动作。定时器可以用常数 K 或数据寄存器（D）

的内容作为设定值。

定时器通道范围如下：①100ms 定时器 T0~T199，共 200 点，设定值为 0.1~3276.7s；②10ms 定时器 T200~T245，共 46 点，设定值为 0.01~327.67s；③1ms 定时器 T246~T249，共 4 点，设定值为 0.001~32.767s。

（5）计数器（C） 计数器是对内部元件 X、Y、M、S、T、C 的信号进行计数。FX3U 有向上计数器和向下计数器两种。向上计数器在线圈得电时从零开始计数至预置值，触点动作。向下计数器在线圈得电时从预置值开始计数至零，触点动作。计数器按十进制编号。通用计数器 C0~C99，16 位向上计数器，共 100 点，断电数据不保存。断电保持型 16 位向上计数器 C100~C199，断电时，当前值被保持，恢复供电后从当前值开始继续计数。

（6）状态继电器 状态继电器用来记录系统运行中的状态，常用于顺序控制或步进控制中，并与其他指令一起使用实现顺序或步进控制功能流程图的编程。状态继电器的常开和常闭触点在 PLC 内可以自由使用，且次数不限。不用步进梯形图指令时，状态继电器可作为辅助继电器在程序中使用。

（7）数据寄存器（D） 数据寄存器用于存放各种数据。FX3U 中每一个数据寄存器都是 16 位，用两个数据寄存器组合可以存储 32 位数据。通用数据寄存器 D0~D199，共 200 点。只要不写入其他数据，已写入的数据不会变化。但是 PLC 状态由 RUN 转为 STOP 时，全部数据均清零。

5. PLC 的基本指令编程

PLC 的编程语言有梯形图、指令表、顺序功能图 3 种，其中梯形图沿袭了继电器控制电路的形式，具有形象、直观、实用的特点，是目前使用最多的一种 PLC 编程语言；指令表是与计算机汇编语言类似的助记符编程方式，用操作指令组成的语句表编写控制程序，并通过编程器送到 PLC 中；顺序功能图采用 IEC 标准的 SFC（Sequential Function Chart）语言，用于编制复杂的顺序控制程序。

梯形图的编程设计应注意到以下两点：梯形图按从左到右、自上而下的顺序排列，每一逻辑行起始于左母线，然后是触点的串、并联，最后是线圈；梯形图中每个梯级流过的不是物理电流，而是"概念电流"，从左向右流，其两端没有电源。

（1）基本逻辑控制元件

1）常开触点。梯形图中的常开触点 ┤├ 和继电器的常开触点类似。当指定寄存器地址中的值为"0"时，常开触点打开；当指定寄存器地址中的值为"1"时，常开触点闭合。

2）常闭触点。梯形图中的常闭触点 ┤/├ 和继电器的常闭触点逻辑相反。当指定寄存器地址中的值为"0"时，常闭触点闭合；当指定寄存器地址中的值为"1"时，常开触点打开。

3）线圈输出。梯形图中的线圈（ ）类似于继电器中的线圈，当线圈对应地址的值为 1 时，线圈得电输出；当线圈对应地址的值为 0 时，线圈失电。

（2）基本指令编程

1）取指令与输出指令（LD、LDI、OUT）。

①LD 取指令，表示与母线相连的常开触点；②LDI 取反指令，表示与母线相连的常闭触点；LD、LDI 两条指令的目标元件是 X、Y、M、S、T、C；③OUT 线圈驱动指令，用于将逻辑运算结果驱动制订的线圈。OUT 指令目标元件为 Y、M、T、C 和 S，但不能用于 X。

LD、LDI、OUT 指令编程方法如图 5-21 所示。

2）触点串联指令（AND、ANI）。①AND 与指令，用于常开触点串联连接，完成逻辑"与"运算；②ANI 与反指令，用于常闭触点串联连接，完成逻辑"与非"运算。

AND、ANI 指令编程方法如图 5-22 所示。

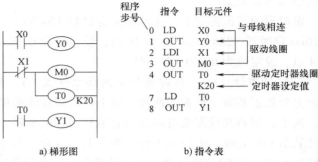

a) 梯形图　　　　b) 指令表

图 5-21　LD、LDI、OUT 指令编程方法

3）触点并联指令（OR、ORI）。①OR 或指令，用于单个常开触点的并联，实现逻辑"或"运算；②ORI 或非指令，用于单个常闭触点的并联，实现逻辑"或非"运算。

OR、ORI 指令编程方法如图 5-23 所示。

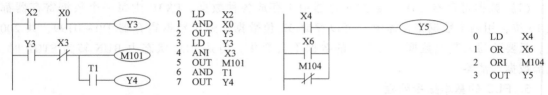

图 5-22　AND、ANI 指令编程方法　　　　图 5-23　OR、ORI 指令编程方法

4）块操作指令（ORB、ANB）。①ORB 块或指令，用于将两个或两个以上的触点串联连接的电路块之间的并联。ORB 块或操作指令编程方法如图 5-24 所示；②ANB 块与指令，用于两个或两个以上触点并联连接的电路之间的串联。ANB 块与操作指令编程方法如图 5-25 所示。

5）置位与复位指令（SET、RST）。①SET 置位指令，它的作用是置位并保持被操作的目标元件；②RST 复位指令，它的作用是复位并保持清零被操作的目标元件。

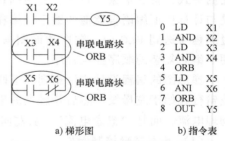

a) 梯形图　　　　b) 指令表

图 5-24　ORB 块或操作指令编程方法

SET、RST 指令编程方法如图 5-26 所示。当 X0 常开接通时，Y0 被置位为"ON"状态并一直保持，即使 X0 常开断开 Y0 仍维持"ON"状态不变。只有当 X1 的常开闭合时，Y0

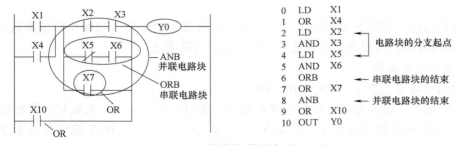

图 5-25　ANB 块与操作指令编程方法

才被复位清零，变为"OFF"状态并保持，即使 X1 常
开断开，Y0 仍维持"OFF"状态不变。

6）NOP、END 指令。①NOP 空操作指令，用于程
序的修改。NOP 指令占用程序一个步序，没有元件编
号，在使用时为方便增减和修改指令，可在程序中预先

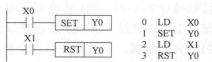

图 5-26　SET、RST 指令编程方法

插入 NOP 指令；②END 程序结束指令。若程序的最后没有 END 指令，则 PLC 从用户程序
存储器的第一步执行到最后一步；有 END 指令时，扫描到 END，就结束程序的执行。

二、基于 PLC 的总线控制系统

随着计算机技术的飞速发展，基于 PLC 及总线技术的电气控制系统在自动化及工业机
器人领域得到了迅速发展，其在提高数据采集和处理速度，完善生产设备的运行控制和监
控，提高设备运行效率等方面发挥了重要作用。总线电气控制系统主要有基于 485 总线的控
制、基于现场总线网络的控制、基于工业以太网的控制 3 种方式。

1. 485 总线网络

EIA-485（旧称 RS-485）总线基于解决 EIA-232（旧称 RS-232）串口通信距离短，只支
持点对点通信等缺点而产生，采用平衡发送和差分接收方式，具有较强的抑制共模干扰的能
力。EIA-485 总线最大可以支持 10Mbit/s 传输速率（传输距离 12m），最大通信距离 1200m
（110kbit/s 传输速率）。采用主机轮询，下位机应答的通信方式来解决数据冲突的问题，相
对来说，实时性不强。一般用于通信数据量不大，实时性要求不是十分严苛，各个节点权限
平等的系统中使用。

EIA-485 接口规范只规定了物理层的接口电气特性，即两线、半双工、多点通信的标
准，而没有规定任何通信协议。接口芯片便宜，支持厂家众多，布线简单，实现方便，在
PLC 工业控制中得到了广泛应用。基于 EIA-485 网络运行的通信协议可以由用户自定义，最
著名的是 Modbus 协议，由 Modicon 公司开发，是工业控制网络中对自动化控制设备进行访
问控制的主从式通信协议，应用广泛。

基于西门子 PLC 的 EIA-485 总线网络控制系统如图 5-27 所示，上位机为计算机，下位
机采用西门子公司 S7-200 系列 PLC，各 PLC 通过通信端口 0 直接挂在 EIA-485 总线上，上

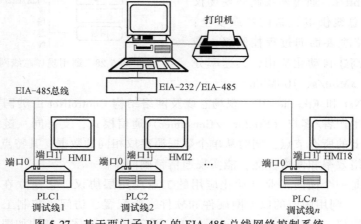

图 5-27　基于西门子 PLC 的 EIA-485 总线网络控制系统

位机通过 EIA-232/485 转换器实现与 EIA-485 总线的连接，形成 1：N 通信方式。在控制系统中上位机通过 EIA-485 总线获取调试现场的数据信息，实现对调试过程的监控。下位机 PLC 完成对调试现场设备的自动控制，同时将必要的调试数据通过总线发送给上位机，并接受上位机的控制指令，执行生产任务。

2. 现场总线网络

随着计算机、控制、通信和网络等技术的发展，作为工业控制数字化、智能化、网络化典型代表的现场总线（FieldBus）技术也得到了迅速发展，使工业计算机控制系统逐步从集散控制系统（Distributed Control System，DCS）走向以现场总线为基础的分布式现场总线控制系统（Fieldbus Control System，FCS），被誉为工业自动化领域具有革命性的新技术。

现场总线的出现主要是解决智能化仪器仪表、执行机构、控制器等工业现场设备间的数字通信及现场控制设备与控制系统之间的信息传递问题。它的关键标志是能支持独立的、开放的全数字化双向通信，具有稳定性好、可靠性高、抗干扰能力强、通信速率快、安全性强、造价低廉和维护成本低的特点。

现场总线将控制功能彻底分散给现场控制设备，仅靠现场总线设备就可以实现自动控制的基本功能，使控制风险彻底分散，提高系统控制的自治性和可靠性。使用现场总线后，操作员可以在中央控制室对现场设备进行参数调整，实现远程监控。还可以通过现场设备的自诊断功能预测及寻找故障点，降低设备费用。

目前市场上有 10 种通用的现场总线国际标准，包括 TS61158 现场总线、ControlNet 和 Ethernet/IP 现场总线、Profibus 现场总线、P-NET 现场总线、FF HSE 现场总线、Swift-Net 现场总线、WorldFIP 现场总线、INTERBUS 现场总线、FF H1 现场总线以及 ProfiNet 现场总线。几种常见的工业控制网络及网络结构如下：

（1）通用现场总线网络结构　国际电工委员会推荐的通用现场总线网络结构如图 5-28 所示。现场总线系统可以完成各种工业领域的信息处理、监视和控制，可用于工业现场过程控制传感器、执行器和本地控制器之间的通信，可与工厂的 PLC 控制器实现互连。现场总线 H1 主要用于工业现场级低速通信，其速率为 31.25kbit/s，通过两线制向现场仪表供电，支持带总线供电设备的本质安全；现场总线 H2 网络主要面向过程控制级、管理监控级和工厂高速自动化应用，其速率分别为 1Mbit/s，2.5Mbit/s、100Mbit/s。

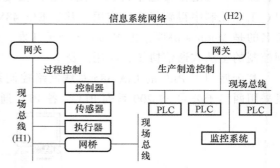

图 5-28　通用现场总线网络结构

（2）ControlNet 和 Ethernet/IP　现场总线及网络结构 ControlNet 由美国罗克韦尔自动化公司推出，采用生产者/客户（Producer/Consumer）通信模式，支持同一链路上多个控制器共存，允许网络上的所有节点，同时从单个数据源存取相同的数据，其特点是增强了系统的功能，提高了网络效率和网络性能，能实现通信精确同步。

Ethernet/IP 是一个面向工业自动化应用的工业应用层协议。它建立在标准 UDP/IP 与 TCP/IP 协议之上，利用固定的以太网硬件和软件，为配置、访问、控制工业自动化设备定义了一个应用层协议。ControlNet 和 Ethernet/IP 现场总线系统体系结构如图 5-29 所示。

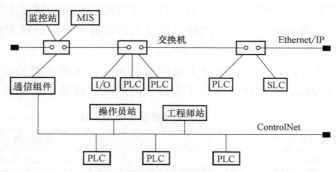

图 5-29 ControlNet 和 Ethernet/IP 现场总线系统体系结构

罗克韦尔自动化公司提出了三层网络的概念，即以太网、Controlnet 网、Deveicenet 网。上层信息通过工业以太网传输，用于工厂级的数据采集和程序维护；中层自动化和控制层通过 Controlnet 实现实时 I/O 控制，控制器互锁和报文传送；底层 Deveicenet 设备网用于底层设备的高效率、低成本的信息集成。

PLC 与现场总线相结合，可以组成价格便宜、功能强大的分布式控制系统。现场总线是一种通信协议开放、支持多种控制器和智能设备的底层设备网络。一个完整的现场总线（例如 DeviceNet）包括主控器（支持 DeviceNet 的 PLC 或 PC）；现场输入/输出模块，用于连接控制系统中各种现场装置；带有 DeviceNet 接口的现场装置；线缆及网络附件。

（3）Profibus 现场总线及网络结构 Profibus 是过程现场总线（Process Field Bus），在多种自动化的领域中占据主导地位，由三个兼容部分组成，Profibus—DP、Profibus—PA、Profibus—FMS。其中 Profibus—DP 应用于现场级，是一种高速低成本的适用于设备级自动控制系统与分散式 I/O 之间的高速通信方式；Profibus—PA 适用于过程自动化，传感器和执行器接在一根共用的总线上，可适用于本征安全领域；Profibus—FMS 用于车间级监控网络，主要采用主-从方式完成控制器之间及控制器与现场智能设备之间的信息交换。基于 Device-Net 现场总线和 Profibus 现场总线多级分布控制系统如图 5-30 所示。

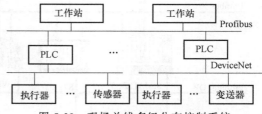

图 5-30 现场总线多级分布控制系统

3. 工业以太网

工业以太网技术具有稳定可靠、通信速率高、价格低廉、软硬件产品丰富、应用广泛及支持技术成熟等优点，已成为最受欢迎的工业通信网络之一。随着网络技术的发展，以太网进入了工业控制领域，形成了新型的工业以太网网络控制技术。由于工业自动化系统向智能化、分布化方面发展，必然要求开放透明的通信协议。将以太网技术引入工业控制领域具有如下技术优势：以太网可以实现企业信息网络与工业控制网络的无缝连接，形成全开放网络；Ethernet 是全数字化、全开放的网络，不同厂商的设备遵照网络协议可以实现互联；软硬件成本低廉，各厂商为用户提供了丰富的软件开发环境和硬件设备选择；通信速率高，广泛应用的以太网的通信速率为 10Mbit/s、100Mbit/s，千兆以太网技术也开始应用，10Gbit/s 以太网也正在研究中，其速率远远超过现场总线网络，可以满足企业由于系统规模的扩大和复杂程度的提高，对信息量的更高需求，可以逐步满足音频、视频数据的传输需求；可持续发展潜力大，在这瞬息万变的信息时代，企业的生存与发展在很大程度上取决于是否拥有一个快速和高效的通信管理网络，通信技术和信息技术的发展将更加迅速和成熟，推动以太网技术不断发展。

目前受到广泛支持并已经开发出相应工业产品的工业以太网主要协议包括 HSE、Ethernet/IP、ProflNet 和 Modbus TCP/IP 4 种。工业以太网的底层现场总线见表 5-2。

表 5-2　工业以太网的底层现场总线

工业以太网	现场总线
ProfiNet	Profibus-DP,ASI,Profibus-PA
Ethernet/IP	ControlNet,DeviceNet
Modbus-IDA	Modbus TCP/IP
Fieldbus Foundation HSE	Fundation Fieldbus H

（1）ProfiNet　ProfiNet 由 Profibus 国际组织（Profibus International，PI）推出，是基于工业以太网技术的新一代自动化总线标准。

ProfiNet 网络支持面向对象的开放的通信，基于 Ethernet/IP，可以满足实时通信的要求。图 5-31 所示为西门子公司基于 Profibus-DP 和工业以太网的典型工厂网络结构，工业现场设备数据通过 Profibus-DP 现场总线传送给西门子可编程序控制器 S7-300、S7-400 等，实现现场设备通信及控制，工厂级数据采集和监控维护。

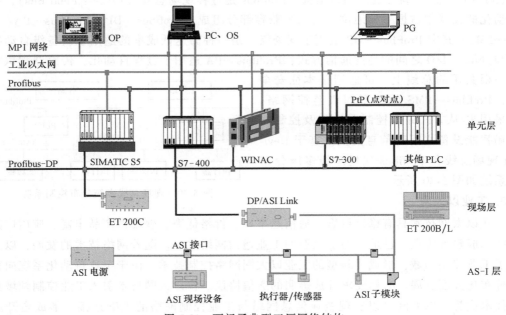

图 5-31　西门子典型工厂网络结构

（2）Ethernet/IP　Ethernet/IP 是一个面向工业自动化应用的工业应用层协议，它建立在标准 UDP/IP 与 TCP/IP 协议之上，通过固定的以太网软件和硬件为配置和控制工业现场自动化设备定义了一个应用层。

Ethernet/IP 网络由 ODVA 开发，采用商业以太网通信芯片、物理介质和星形拓扑结构，通过以太网交换机实现各设备间的点对点连接，能同时支持 10Mbit/s 和 100Mbit/s 以太网产品。Ethernet/IP 的协议由 IEEE 802.3 物理层和数据链路层标准、TCP/IP 协议组、控制与信息协议（Control Information Protocol，CIP）等 3 部分组成，前两部分为标准的以太网技术。Ethernet/IP 为了提高设备间的互操作性，采用了与 ControlNet 和 DeviceNet 现场总线网络中相同的控制与信息协议（CIP）。它建立在与介质无关的平台上，为工业现场和企业管理层提供了无缝通信，用户可以通过 Ethernet/IP 网络整合整个网络中有关安全、同步、运动控制、报文和组态等方面的信息，大大降低了工业现场安装管理成本。

（3）Modbus TCP/IP Modbus 是全球第一个真正用于工业现场的总线协议，现已成为一种通用工业标准。该协议支持传统的 EIA-232、EIA-422、EIA-485 和以太网设备。使用者不需要关心它们内部的网络通信方式。控制器与控制器、控制器与其他设备之间（通过网络）的通信通过 ModBus 协议来实现。

ModBus 协议将 ModBus 帧嵌入到 TCP 帧中，使 ModBus 与以太网和 TCP/IP 结合，成为 ModBus TCP/IP。这是一种面向连接的新的控制方式，每一个呼叫都要求一个应答，这种呼叫-应答机制与 ModBus 的主从机制相互配合，使交换式以太网具有非常高的确定性，客户利用 TCP/IP 协议，可以利用网络浏览器通过网页的形式查看企业网络内部设备的运行情况，设备中嵌入了 Web 服务器，还可以将 Web 浏览器作为设备的操作终端，通过网页浏览实时数据。

（4）HSE 高速以太网（High Speed Ethernet，HSE）由现场总线基金会（FieldBus Foundation，FF）于 2000 年发布。FF 明确将 HSE 定位成实现控制网络与互联网的集成，是对 FF-H1 的高速网段的解决方案，它与 H1 现场总线整合构成信息集成开放的体系结构。由 HSE 连接设备将 H1 网段信息传送到以太网的主干上并进一步送到企业的 ERP 和管理系统。操作员在主控室可以直接使用网络浏览器查看现场运行情况。现场设备同样也可以从网络获得控制信息。

HSE 的 1~4 层由现有的以太网、TCP/IP、IEEE 标准所定义，HSE 和 H1 使用相同的用户层，HSE 技术的核心部分就是连接设备，将 HSE 层和多个 H1 现场总线网络/网段互联，它是将 HI 低速率（31.25kbit/s）设备连接至高速（100Mbit/s）的 HSE 主干网的核心组成部分，同时还具有网桥和网关的功能。HSE 的交换器是一种标准的以太网设备，可用于连接多个 HSE 设备，如 HSE 连接设备和 HSE 现场设备，从而形成更大的 HSE 网络。

目前，市场上主流工业机器人大都支持多种现场总线和工业以太网协议。例如 ABB 工业机器人支持 Profibus、Profibus-DP、DeviceNet、ProfiNet、Ethernet/IP 和 CCLINK 等现场总线和工业以太网协议，即使与所选的主控设备通信方式不同，也可以使用通信转换器（比如 anybus）来转换，实现工业机器人与工业控制网络的高速通信。

第四节 工业机器人电气系统

一、工业机器人系统的构成及工作原理

1. 工业机器人系统的构成

工业机器人系统是由工业机器人、集成对象、环境共同组成的，包括工业机器人机械系统、驱动系统、控制系统和感知系统四部分。

（1）机械系统　工业机器人的机械系统包括机身、臂部、手腕、末端执行器和行走机构等，每一部分都有若干自由度。其中，具有行走机构则构成行走工业机器人，若没有则构成单工业机器人手臂。工业机器人的机械系统相当于人的躯干（骨骼、手、臂和腿等）。

（2）驱动系统　驱动系统主要是指驱动机械系统动作的驱动装置。这部分的作用相当于人的肌肉。根据驱动源的不同，驱动系统分为电气、液压、气压以及把它们结合起来应用的综合系统。

1）电气驱动在工业机器人中应用最为广泛，主要分为步进电动机，直流伺服电动机和交流伺服电动机三种。

2）液压驱动运动平稳，且负载能力大，对于重载的搬运和零件加工工业机器人，采用液压驱动比较合理。但液压驱动管道复杂，清洁困难，因此限制了在装配作业中的作用。

3）气压驱动维修简单，能在高温、粉尘等恶劣环境中使用。但气压驱动气体压力低，输出力较小，如需输出力大时，其结构尺寸较大。无论电气还是液压驱动的工业机器人，其手爪的开合都采用气动形式。

（3）控制系统　控制系统的任务是根据工业机器人的作业指令程序及从传感器反馈回来的信号，控制工业机器人的执行机构完成规定的运动和功能。如果工业机器人不具备信息反馈特征，则该控制系统称为开环控制系统；反之，则该控制系统称为闭环控制系统。该部分主要由计算机硬件和控制软件组成。软件主要由人与工业机器人联系的人机交互系统和控制算法等组成，该部分的作用相当于人的大脑。

（4）感知系统　感知系统由内部传感器和外部传感器组成，其作用是获取工业机器人内部和外部环境信息，并把这些信息反馈给控制系统。

1）内部状态传感器用于检测各个关节的位置、速度等变量，为闭环伺服控制系统提供反馈信息。

2）外部状态传感器用于检测工业机器人与周围环境之间的一些状态变量，如距离、接近程度、接触情况等，用于引导工业机器人，便于其识别物体并作出相应处理。该部分的作用相当于人的五官。

2. 工业机器人工作原理

工业机器人系统实际上是一个典型的机电一体化系统，其工作原理为：控制系统发出动作指令，控制驱动器动作，驱动器带动机械系统运动，使末端执行器到达空间某一位置，实现某一姿态，实施一定的作业任务。末端执行器在空间的实时位姿由感知系统反馈给控制系统，控制系统把实际位姿与目标位姿相比较，发出下一个动作指令，如此循环，直到完成作业任务为止。

二、工业机器人电气系统的结构及工作原理

1. 工业机器人控制系统

伺服控制系统包括伺服执行元件（伺服电动机）、伺服运动控制器、功率放大器（又称伺服驱动器）和位置检测元件等。伺服运动控制器的功能是实现对伺服电动机的运动控制，包括力、位置、速度等的控制。工业机器人控制系统的组成如图 5-32 所示。

（1）控制计算机　控制计算机是控制系统的调度指挥机构。

（2）示教器　示教器进行示教工业机器人的工作轨迹和参数设定，以及所有人机交互

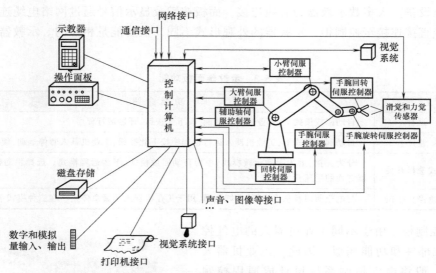

图 5-32　工业机器人控制系统的组成

操作，拥有自己独立的 CPU 以及存储单元，与主计算机之间以串行通信方式实现信息交互。

（3）操作面板　操作面板由各种操作按键、状态指示灯构成，只完成基本功能操作。

（4）磁盘存储　包括内置硬盘和存储工业机器人工作程序的外围存储器。

（5）数字和模拟量输入、输出　数字和模拟量输入、输出包括各种状态和控制命令的输入或输出。

（6）打印机接口　打印机接口记录需要输出的各种信息。

（7）传感器　传感器用于信息的自动检测，实现工业机器人柔性控制，一般为力觉、触觉、视觉传感器。

（8）伺服控制器　伺服控制器完成工业机器人各关节位置、速度、加速度控制。

（9）辅助设备控制　辅助设备控制用于和工业机器人配合的辅助设备控制，如手爪变位器等。

（10）通信接口与网络接口　通信接口是实现工业机器人和其他设备的信息交换，一般有串行接口、并行接口等；网络接口是与其他工业机器人以及上位管理计算机连接的 Ethernet 接口，可通过以太网实现数台或单台工业机器人的直接计算机通信，数据传输速率高达 10Mbit/s，通过 Ethernet 接口将数据及程序装入各个工业机器人控制器中。与其他设备连接的多种现场总线接口，如 Device net、Profibus-DP、CAN、Remote I/O、Interbus-s 和 M-NET 等。

2. 电气控制系统结构及工作原理

工业机器人控制系统一般由控制柜和示教器两大部分组成。控制柜在功能上类似于计算机的主机部分，示教器类似于鼠标、键盘、显示器等外设的集成。

（1）示教器　示教器是手持式操作单元，如图 5-33 所示。它是用于工业机器人操作、编程、数据输入和显示

图 5-33　示教器

的人机交互设备。大多数示教器为有线连接，面板按键及显示信号通过网络电缆连接，急停按钮连接线直接连接至控制柜。示教器的外观形式不同，但功能是相似的。示教器面板功能见表5-3。

表 5-3　示教器面板功能

序号	名　称	功 能 介 绍
1	运行	自动回放模式下，工业机器人使能，按下此按钮，开始运行程序
2	暂停	自动回放模式下，工业机器人运行过程中按下此按钮，工业机器人暂停运动，使能保持
3	模式选择开关	分为三挡，上为手动示教模式，中为自动回放模式，下为远程模式。选择手动模式时示教器背面的手压开关有效
4	紧急停止按钮	与电柜前面板急停串联，功能相同，用于工业机器人的紧急停止。在三种模式下均有效

（2）控制柜　由于不同工业机器人的电气控制系统组成部件和功能相似，因此，工业机器人生产厂家一般将电气控制系统设计成通用控制柜，如图5-34所示。除示教器以及安装在工业机器人本体上的伺服电动机、行程开关外，控制系统的全部电器元件都安装在控制柜内。

图 5-34　工业机器人通用控制柜

三、控制柜的硬件组成

下面以埃夫特 ER3A-C60 型工业机器人为例，介绍工业机器人电气控制系统的硬件基本组成。

1. 电控柜面板功能介绍

电控柜前面板与侧面板功能见表5-4。

表 5-4　电控柜前面板与侧面板功能

序号	名　称	功 能 介 绍
1	主电源开关	工业机器人电控柜与外部 220V 电源接通
2	开伺服按钮	当开伺服按钮按下并且绿灯点亮后，伺服驱动器得电
3	关伺服按钮	按下该按钮时驱动器主电源断开
4	伺服报警指示灯	驱动器报警指示灯
5	紧急停止按钮	工业机器人出现意外故障需要紧急停止时按下按钮，可以使工业机器人断电而停止

2. 控制系统硬件

工业机器人控制系统硬件由控制器模块、通信及 I/O 模块组成。工业机器人控制系统的主要任务是控制工业机器人在工作空间中的运动位置、姿态和轨迹，操作顺序及动作的时间等。它具有编程简单、软件菜单操作、友好的人机交互界面、在线操作提示和使用方便等特点。

I/O 模块的功能是将工业机器人或其他设备上的数字量输入信号转换为控制器可编程序逻辑信号，或将控制器的可编程序逻辑状态转换为外部执行元件通断控制信号。控制器与示教器连接时需要在中间转接一个功能盒，其中有 Ethernet 通信接口、示教器 24V 电源、急停接口和手压使能开关接口。硬件控制系统功能见表 5-5。

表 5-5　硬件控制系统功能

序号	名称	功能介绍
1	控制器模块（CPAC）	控制器，作为整个工业机器人的大脑
2	通信及 I/O 模块	I/O 口有 16 个输入口，16 个输出口

3. 伺服驱动器

六轴工业机器人的每个运动都由一个伺服电动机驱动，每个伺服电动机对应有一个伺服驱动器，驱动器的功能是通过设置合理的参数驱动并控制伺服电动机平稳运动。伺服驱动器接口如图 5-35 所示，连线包括 RST、RB、UVW、Controller I/F、Machine I/F、Feedback、Daisy Chain、EtherCAT、STO、RS232、USB mini-B cable 和 Magnetic Contactor 等。部分端口定义见表 5-6。

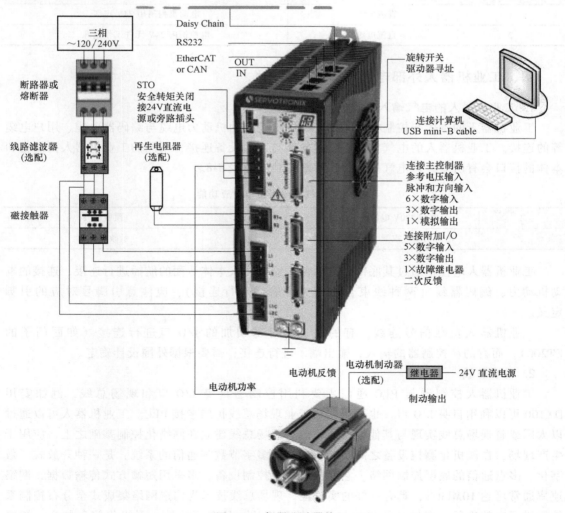

图 5-35　伺服驱动器接口

表 5-6　端口定义

RST	驱动器主电源输入连接端	Machine I/F	抱闸、报警输出端口
RB	外置再生放电电阻接线端	Feedback	编码器连接端口
UVW	电动机连接端	STO	安全模块连接接口
Magnetic Contactor	驱动器控制电源输入连接端	Controller I/F	通信用连接端口
USB mini -B cable	连接计算机调试及监控用端口	CN0 接口	通信用连接端口

4. 稳压电源

直流 24V 是控制系统应优选的直流主电源和控制电源，系统的控制器、安全单元、I/O 单元，伺服驱动器的轴控模块，以及伺服电动机的制动器、编码器电源模块，原则上都应使用直流 24V 供电。电源模块功能见表 5-7。

表 5-7　电源模块功能

序号	名　称	功能介绍
1	直流电源 1	电动机抱闸用 24V 电源
2	直流电源 2	电控柜内 24V 元件工作电源

四、工业机器人外部电气接口

1. 工业机器人的电气输入、输出电路

工业机器人的本体与控制柜之间的连接主要是电动机动力电缆与编码器电缆、用户电缆等的连接。工业机器人的电气控制柜通过航插与其他设备连接，不同的工业机器人控制柜和本体的接口会有所差异。电气控制柜接口对应功能见表 5-8。

表 5-8　电气控制柜接口对应功能

1	单相 220V 电源进线航插	3	预留航插
2	电动机动力抱闸、编码器线航插	4	示教器航插

工业机器人电控柜通过其底部的航插与工业机器人本体后面的航插进行连接，连接的电动机动力、编码器线（两种线束合用同一个航插进行连接），应注意引脚号对应的引脚定义。

工业机器人负载信号连线，有的是通过外部增加的 I/O 口进行连接（如西门子的 ET200），而有的从控制器的输入、输出端子进行连接，需要根据外围设计确定。

2. 现场总线

工业机器人控制器与 PLC 通信主要利用控制器自身 I/O 口和现场总线，例如安川 DX100 可以利用自身 I/O 口，也可以购买工业现场总线扩展卡接 PLC。工业机器人可以通过以太网或者现场总线实现与其他设备的通信。现场总线建立在网络化控制基础之上，应用于生产现场，在微机化测控设备之间实现双向串行多字节数字通信的系统，是一种开放式、数字化、多点通信的底层控制网络。它面向于生产控制设备，多采用短帧方式传输数据，网络速率通常可达 10Mbit/s，具有良好的实时性。现场总线技术为构造网络集成式全分布控制系统提供了有效途径。现场总线技术与集散控制相比，具有开放性、网络化信息共享、智能

化、高度分散性、功能自治性和高可靠性等优点，可以大幅度节省硬件数量和投资，便于安装、扩展、维护。各种总线在网络协议、传输速率传输距离、应用场合和站点个数限制等方面具有不同的特点。以 ABB 工业机器人为例，支持的现场总线有 DeviceNet、Profibus、Profibus-DP、Profinet、EtherNet/IP 等。使用何种现场总线，应根据需要进行选配。如果使用 ABB 标准 I/O 板，就必须选配 DeviceNet 总线。

五、工业机器人的安全电路

1. 安全继电器

埃夫特 ER3A-C60 型工业机器人控制系统有三个安全继电器，用在控制电路的回路当中，如图 5-36 所示，具体的电路连接可查阅电气原理图。安全继电器功能见表 5-9。

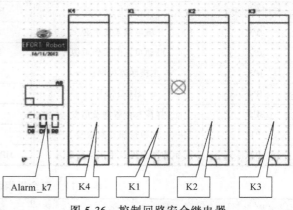

图 5-36　控制回路安全继电器

表 5-9　安全继电器功能

K1	与 K2 一起形成双回路急停控制电路
K2	与 K1 一起形成双回路急停控制电路
K3	用于报警信号的输出控制
K4	用于开伺服控制电路
Alarm_k7	用于驱动器报警信号的输出控制

2. 安全板

安全板（SRB）用于电动机抱闸和驱动器报警。如图 5-37 所示，具体电路参考电气原

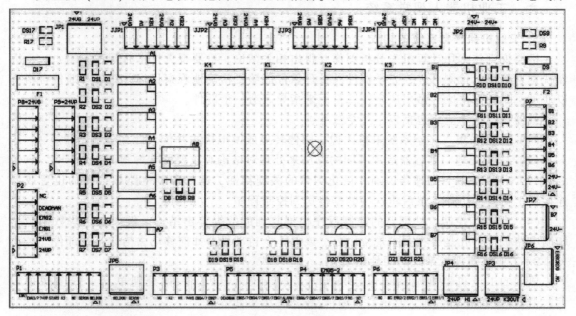

图 5-37　安全板

理图。其中每个继电器都对应一个发光二极管，在电路检修时可以通过查看二极管是否点亮来排查故障。安全板接口功能见表 5-10，安全板指示灯说明见表 5-11。

表 5-10　安全板接口功能

接插件序号	功能	接插件序号	功能
JP1	继电器工作电源	P3	H1,H2 灯控制信号
JP2	电动机抱闸工作电源	P4	电控柜急停
JP3	主接触器控制信号	P5	安全信号输出
JP4	H1 灯信号	P6	外部急停
JP5	焊接及伺服准备信号	P8	驱动器安全单元用 24VG
P1	面板按钮控制信号	P9	驱动器安全单元用 24VP
P2	示教器急停及手压信号输入	JJP1、JJP2、JJP3	各轴驱动器报警及抱闸信号输入

表 5-11　安全板指示灯说明

名称	功　能	名称	功　能
DS1～DS6	1～6 轴报警指示,正常时熄灭	DS17	24V 电源指示灯,正常时点亮
DS8	报警指示灯,正常时点亮	DS18、DS20	急停指示灯,急停按钮没有按下时,此灯常亮
DS9	24V 电源指示灯,正常时点亮	DS19	开伺服指示灯,当按下电柜开伺服按钮后,此灯点亮
DS10～DS15	1～6 轴抱闸指示,抱闸打开时此灯点亮	DS21	预留指示灯,为熄灭状态
DS16	7 轴抱闸指示灯	DS7	7 轴报警预留指示灯

六、工业机器人视觉系统

1. 工业机器视觉系统的构成

机器视觉技术用计算机来分析图像并得出相关结论。机器视觉技术有两种应用：一是机器视觉系统可以检测部件，光学器件及处理软件能够更精确地观察目标并对哪些部件合格可以通过，哪些需要废弃做出决定；二是用来指导制造一个部件。

机器视觉技术应用包括以下几个过程：

（1）图像采集　光学系统采集图像，图像转换成模拟格式并传入计算机存储器。

（2）图像处理　处理器运用不同的算法来处理对结论有重要影响的图像要素。

（3）特性提取　处理器识别并量化图像的关键特性，例如印制电路板上孔的位置或者连接器上引脚的个数，然后将这些数据传送到控制程序。

（4）判决和控制　处理器的控制程序根据收到的数据得出结论。例如：这些数据包括印制电路板上的孔是否在要求规格以内，或者一个自动机器如何移动去拾取某一部件。

2. 工业机器视觉系统的硬件组成

典型的工业机器视觉系统包括光源、光学系统、相机、图像处理单元（或图像采集卡）、图像分析处理软件、监视器、通信/输入输出单元等。

（1）光源　光源是影响机器视觉系统输入的重要因素，它直接影响输入数据的质量和效果。由于机器视觉照明设备不是通用配置，所以针对每个特定的应用实例，要选择相应的照明装置，以达到最佳效果。许多工业用的机器视觉系统用可见光作为光源，因其容易获得，价格低，便于操作。常用的几种可见光源是白炽灯、荧光灯、汞灯和钠灯。但是，这些光源的一个最大缺点是光能无法保持稳定。如荧光灯在使用的第一个 100h 内，光能会下降15%，随着使用时间的增加，光能将不断下降。因此，如何使光能在一定程度上保持稳定，是实用化过程中需要解决的问题。此外，环境光将改变这些光源照射到物体上的总光能，使输出的图像数据存在噪声，一般采用加防护屏的方法，减少环境光的影响。由于存在上述问题，在现今的工业应用中，对于某些要求较高的检测任务，常采用 X 射线、超声波等不可见光作为光源。

由光源构成的照明系统按其照射方法可分为背向照明、前向照明、结构光照明和频闪光照明等。其中，背向照明是被测物放在光源和相机之间，它的优点是能获得高对比度的图像；前向照明是光源和相机位于被测物的同侧，这种方式便于安装；结构光照明是将光栅或线光源等投射到被测物上，根据它们产生的畸变，解调出被测物的三维信息；频闪光照明是将高频率的光脉冲照射到物体上，要求相机的扫描速度与光源的频闪速度同步。

（2）光学系统　对于机器视觉系统来说，图像是唯一的信息来源，而图像的质量由光学系统来决定。通常图像质量差引起的误差不能用软件纠正。机器视觉技术把光学部件和电子成像技术结合在一起，并通过计算机控制系统来分辨、测量、分类正在通过自动处理系统的部件。机器视觉系统可以快到检测全部产品而不会降低生产线速度。光学系统的主要参数与图像传感器光敏面的格式有关，一般包括光圈、视场、焦距等。

（3）相机　相机实际上是一个光电转换装置，即将图像传感器所接收到的光学信号，转化为计算机所能处理的电信号。光电转换器件是构成相机的核心器件。典型的光电转换器件有摄像管、CCD（Charge-coupled Device）、CMOS（Complementary Metal Oxide Semiconductor）图像传感器等。

1）摄像管由密封在玻璃管罩内的摄像靶、电子枪两部分组成。摄像靶将输入光学图像的光照度分布转换为靶面相应像素电荷的二维空间分布，主要完成光电转换和电荷存贮任务；电子枪则完成图像信号的扫描拾取过程。摄像管成像具有高清晰度、高灵敏度、宽光谱和高帧速等特点。但由于属于真空管器件，其重量、体积及功耗均较大。

2）CCD 是目前机器视觉最常用的图像传感器。它集光电转换、电荷存贮、电荷转移和信号读取于一体，是典型的固体成像器件。CCD 的突出特点是以电荷作为信号，而不同于其他器件是以电流或者电压为信号。这类成像器件通过光电转换形成电荷包，在驱动脉冲的作用下转移、放大输出图像信号。典型的 CCD 相机由光学镜头、时序及同步信号发生器、垂直驱动器、模拟/数字信号处理电路组成。CCD 作为一种功能器件，与真空管相比，具有无灼伤、无滞后、低工作电压和低功耗等优点。

3）CMOS 图像传感器最早出现在 20 世纪 70 年代初。20 世纪 90 年代初期，随着超大规模集成电路（VLSI）制造工艺技术的发展，CMOS 图像传感器得到迅速发展。CMOS 图像传感器将光敏元阵列、图像信号放大器、信号读取电路、模数转换电路、图像信号处理器及控制器集成在一块芯片上，还具有局部像素的编程随机访问的优点。目前，CMOS 图像传感器以其良好的集成性、低功耗、宽动态范围和输出图像几乎无拖影等特点得到广泛应用。

（4）图像采集/处理卡　图像采集卡主要完成对模拟视频信号的数字化过程。视频信号首先经低通滤波器滤波，转换为在时间上连续的模拟信号；按照应用系统对图像分辨率的要求，用采样/保持电路对视频信号在时间上进行间隔采样，把其转换为离散的模拟信号，然后再由 A-D 转换器转变为数字信号输出。而图像采集/处理卡在具有模数转换功能的同时，还具有对视频图像分析、处理的功能，并同时可对相机进行有效的控制。

（5）图像处理软件　机器视觉系统中，视觉信息的处理主要依赖于图像处理方法，它包括图像增强、数据编码和传输、平滑、边缘锐化、分割、特征抽取、图像识别与理解等内容。经过这些处理后，输出图像的质量得到相当程度的改善，同时也便于计算机对图像进行分析、处理和识别。

3. 机器视觉系统的应用

机器视觉系统是实现仪器设备精密控制、智能化、自动化的有效途径，堪称现代工业生产的"机器眼睛"。其最大优点为：

（1）非接触测量　对观测与被观测者都不会产生任何损伤，从而提高了系统的可靠性。

（2）较宽的光谱响应范围　机器视觉可以利用专用的光敏元件观察到人类无法看到的世界，从而扩展了人类的视觉范围。

（3）长时间工作　人类难以长时间地对同一对象进行观察。机器视觉系统则可以长时间地执行观测、分析与识别任务，并可应用于恶劣的工作环境中。

七、防碰撞装置

对于自动焊接的焊接工业机器人，通常都采用伺服电动机驱动，成本较高，如果碰撞力过大，很容易导致伺服电动机的损坏。因此，大部分焊接工业机器人都安装有防碰撞传感器。

德国 Tbi KS-2-MIG 防碰撞传感器如图 5-38 所示，该防碰撞传感器主要用于工业机器人弧焊系统，在发生碰撞的情况下，能有效保护工业机器人及焊枪系统，并且能自动复位。其具有高精度自动复位功能，高机械强度，长寿命，便于安装等特点。

开口处　绝缘法兰

图 5-38　防碰撞传感器

1. 主要技术参数

最大旋转角度为 10°；轴释放力矩大约为 19N·m；可承受重量大约为 2~3kg；工业机器人接口为法兰连接；构造为全机械式，弹簧支撑；重复定位精度为 ±0.03mm，距离法兰 300mm 处；特点为单独按钮，集成绝缘法兰。

2. 防碰撞传感器的安装固定

首先用 M5 的内六角扳手从开口处位置将三个 M6 的螺钉松动并拆下，取下黑色绝缘法兰，然后用四个 M6×16 的内六角螺钉和一个销钉将黑色绝缘法兰安装到工业机器人六轴法兰盘上，最后将防碰撞传感器主体部分再用三个 M6 的螺钉穿过开口处位置安装到黑色绝缘法兰上面。

3. 防碰撞传感器的接线

防碰撞传感器的接线如图 5-39 所示。棕线引脚必须接 24V，蓝线引脚为检测信号。当发生碰撞时，碰撞开关断开，蓝线引脚处检测不到 24V 信号，碰撞信号被触发。黑线和白线引脚可以互换，棕线和蓝线引脚不可互换，否则将会导致防碰撞传感器无法正常工作。带有插头的控制线连接到防撞主体的插孔中，并紧固结实，另外一端连接到工业机器人控制柜的安全面板上。

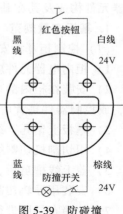

图 5-39 防碰撞
传感器的接线

4. 防碰撞传感器的报警复位

当发生碰撞时，工业机器人示教器界面会显示紧急停止的报警信息，并且工业机器人无法手动运动。报警后可通过以下两种方法恢复。

1）对于由发生碰撞引起的报警，首先按住防撞传感器上面的红色按钮，示教器会显示"紧急停止，恢复等待电动机开启"字样，然后按下通电按钮，消除报警后，利用手动操作移开工业机器人。

2）拆掉防碰撞传感器的主体部分，解除碰撞的姿态，示教器会显示"紧急停止，恢复等待电动机开启"字样，然后按下通电按钮，消除报警后，利用手动操作移开工业机器人。

八、工业机器人应用系统电气集成案例

图 5-40 所示为一台按钮装配工业机器人生产线教学设备，其工作过程为 SCARA 工业机器人从零件库抓取按钮盖及其他按钮组装部件，将组装部件放置在环形装配检测机构的固定位置，然后环形装配检测机构旋转 180°，到达六轴工业机器人的装配检测工位，六轴工业机器人进行按钮的组装，组装完成后，通过视觉相机的检测判断按钮颜色，六轴工业机器人根据视觉相机的数据对按钮进行分类，然后搬运到成品库中，其控制信号一律采用现场总线传输。设备可通过控制按钮和触摸屏控制，触摸屏中包含启动、复位、急停功能。该设备涉及到的工作任务有 SCARA 工业机器人的编程，六轴工业机器人的编程，PLC 程序设计，伺服驱动器参数的设置，触摸屏的设计，相机程序的编写及调试，是一台综合的工业机器人应用系统。

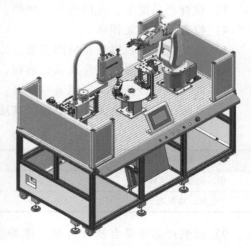

图 5-40 按钮装配工业机
器人生产线教学设备

第五节 工业机器人电气安装调试

一、电气安装基板布置

电气安装基板布置是工业机器人装配的硬件基础，为后期接线和布线做好准备，这就需要技术人员在基板上合理布局电器元件，以符合基板布置规范，并能熟悉工业机器人控制柜

电器元件构成及其在基板上的合理布局形式。

1. 基板布置规范

（1）控制柜基板安装工艺规范

1）柜内电器元件应布局合理，安装牢固，线槽安装横平竖直。

2）安装在柜内的电气设备，要设计和制作成允许从电控柜正面修改配线。如果有困难，或控制器件是背后接线，则应提供检修门或能旋出的基板。

3）基板上钻孔、绞丝保证完好，无滑丝、松动情况。

4）用切割机切割线槽，不得用剪刀、壁纸刀等切割，保证线槽切割整齐美观。

5）盖上线槽盖后，线槽盖之间的缝隙不应大于2mm。

6）安装用导轨切割器切割导轨，保证切割边缘整齐，无毛刺。

7）按照布局图进行电器元件的安装排布。

8）根据图样正确粘贴电器元件代号。

9）检查基板上的电器元件，不得有损坏的情况。

10）确保柜内基板上的设备接地良好，使用短和粗的接地线连接到公共接地点或接地母排上。

（2）电器元件安装要点

1）所有电器元件应按制造厂规定的条件进行安装。

2）组装前首先看懂图样及技术要求。

3）检查产品型号、元件型号、规格、数量等与图样是否相符。

4）检查元件有无损坏。

5）必须按照基板安装位置图安装。

6）电器元件组装顺序应从基板前视，由左至右，由上至下。

7）同一型号产品应保证组装一致性。

8）基板、门板上的元件中心线的高度应符合规定，见表5-12。

表5-12 元件中心线的高度

元件名称	安装高度/m	元件名称	安装高度/m
指示仪表、指示灯	0.6~2.0	控制开关、按钮	0.6~2.0
电能计量仪表	0.6~1.8	紧急操作件	0.8~1.6

9）组装产品应符合操作方便，维修容易的条件。元件在操作时，不得发生空间干涉，能够较方便地更换元器件及维修。注意各电器元件和装置的电气间隙，保证一次侧、二次侧的安装距离。

10）组装所用紧固件及金属零部件均应有防护层，应将螺钉过孔、边缘及表面的毛刺、尖锋打磨平整后再涂敷导电膏。

11）对于螺栓的紧固应选择适当的工具，不得破坏紧固件的防护层，并注意相应的力矩。

12）在主回路的元件中，通常电抗器、变压器需要接地，断路器无需接地。

13）发热元件（例如管形电阻器、散热片等）的安装应考虑其散热情况，安装距离应符合元件规定。额定功率为75W及以上的管形电阻器应横装，不得垂直地面竖向安装。

14）每个元件的附近应有标牌，标牌显示应与图样相符。除元件本身附有供填写的标志牌外，标志牌不得固定在元件本体上。标号应完整、清晰、牢固，标号粘贴位置应明确、醒目。

15）安装因振动易损坏的元件时，应在元件和基板之间加装橡胶垫减振。

16）对于有操作手柄的元件应将其调整到位，不得有卡阻现象。

17）如果设备运行在一个对噪声敏感的环境中，可以采用 EMC 滤波器减小辐射干扰。同时，为达到最优的效果，应确保滤波器与基板之间有良好的接触。

18）不得将装有显示器的操作面板安装在靠近电缆和带有线圈的设备旁边，例如电源电缆、接触器、继电器、螺线管阀或变压器等，因为它们可以产生很强的磁场，对显示器造成干扰。

19）功率部件（例如变压器、驱动部件、负载功率电源等）与控制部件（例如继电器控制部分、PLC）应分开安装。

20）设计控制柜体时需注意 EMC 的区域原则，将不同的设备规划在不同区域中。每个区域对噪声的发射和抗扰度有不同要求，区域在空间上最好用金属壳或在柜体内用接地隔板隔离，并且考虑发热量，确定进风风扇与出风风扇的安装位置，一般发热量大的设备安装在靠近出风口处。通常进风风扇安装在柜体下部，出风风扇安装在柜体上部。

21）根据电控柜内设备的防护等级，需要考虑电柜防尘及防潮功能。

2. 工业机器人控制柜的基板布置

工业机器人控制柜是工业机器人的控制核心承载体，是机器人电气控制系统所在地，由它来控制机器人本体的动作。合理布局工业机器人控制柜基板，对机器人功能的实现和调试都具有重要价值。

机器人电气控制系统主要包括伺服单元、主控制单元、通信及 I/O 单元、供电单元、示教单元等。因工业机器人种类较多，各自的电气控制系统组成不尽相同，控制柜基板布置也各有特点，本节以某一型号常用的六轴工业机器人为例介绍工业机器人控制柜的基板布置。该控制柜主要部件见表 5-13。

表 5-13 控制柜主要部件

序　号	名　称	单　位	数　量
1	主控单元	台	1
2	示教器	台	1
3	J1~J6 伺服驱动器	台	6
4	通信及 I/O 模块	块	1
5	安全板	块	1
6	安全继电器	个	4
7	24V 稳压电源	个	2
8	滤波器	个	1
9	航插	个	3
10	交流接触器	个	1
11	控制柜主开关	个	1
12	制动电阻器	个	1
13	风扇	个	2
14	电线电缆	条	若干

工业机器人电气控制系统电器元件在基板上按照功能模块分区域布置，并依据基板布置规范进行。工业机器人控制柜正面布置情况如图 5-41 所示，可以看出六个伺服驱动器布置在控制柜主基板最上方；下面依次布置通信及 I/O 板；主控制器布置在控制柜底部基板上；控制柜左侧基板上主要布置有航插、控制柜主开关及为了方便用电的插座；进风风扇安装在大的发热器件附近，并位于控制柜右侧基板底部，出风风扇安装在控制柜左侧基板顶部，进风风扇与出风风扇斜对角安装，有利于空气的流通；为了提高安全系数，并从方便接线的角度出发，在控制柜底部基板布置了安全板，借助安全板上的安全继电器，保证了紧急情况下电动机抱闸和驱动器报警功能。另外，为了节约空间，减小控制柜的体积，并符合功率部件与控制部件分开安装，控制电缆远离主电源电路的基板布置规范，在控制柜主基板背面布置了供电单元。工业机器人控制柜背面布置情况如图 5-42 所示，主要包括电源滤波器和 24V 稳压电源模块，以及用于伺服驱动器的制动电阻器。

图 5-41　工业机器人控制柜正面布置情况　　　　图 5-42　工业机器人控制柜背面布置情况

二、接线和布线

在基板上完成电器元件的布置后，需要继续完成接线和布线工作，此环节为工业机器人电气装调的关键，影响着工业机器人功能的实现，也直接反映着控制柜内部的规范程度。掌握接线和布线规范是完成工业机器人控制柜接线和布线的基本要求。

1. 接线和布线规范

（1）通用要求

1）整体布局合理、电缆排列有序，做到整洁、整齐、美观，绑扎电缆无混乱，柜内的电缆横平竖直，工艺美观，无随意交叉或歪斜。柜内的导线中间不应有接头，导线芯线应无损伤、裸露。

2）电缆线芯用螺栓连接时的方向应与螺栓的旋紧方向一致，压接均应保证接线可靠，且不得超过允许的芯数。每个接线端子不许超过两根，特殊情况最多允许接三根线。

3）连接要需靠无松动，不同截面的两根导线不得接在同一端子上。拐弯处应在同一位置，同一型号电缆应采取相同弯度保持平整美观。接线过程中应合理使用导线，树立节约意识，导线的余度不可大于 20cm。

4）所有连接，尤其是保护接地电路的连接应牢固，没有意外松脱的危险。连接方法应与被连接导线的截面积及导线的性质相适应。对铝或铝合金导线，需要考虑电蚀问题。

5）只有专门设计的端子，才允许一个端子连接两根或多根导线。但一个端子只应连接一根保护接地电路导线。只有提供的端子适用于焊接工艺要求才允许焊接连接。接线座的端子应清楚做出与电路图上相一致的标记。软导线管和电缆的敷设应使液体能排离该装置。

6）当元件或端子不具备端接多股芯线的条件时，应提供拢合绞芯束的办法。不允许用焊锡来达到此目的。屏蔽导线的端接应防止绞合线磨损并应容易拆卸。识别标牌应清晰、耐久，适用于实际环境。接线座的安装和接线应使内部和外部配线不跨越端子。

7）导线和电缆的敷设应使两端子之间无接头或拼接点。为便于连接、拆卸电缆和电缆束的需要，应提供足够的附加长度。如果导线端部受到不适当的张力，则多芯电缆端部应夹牢。应尽量将保护导线靠近有关的负载导线安装，以便减少回路阻抗。

（2）电控柜内配线的规定

1）配线的规定。

① 控制柜里面的配线应固定，以保持它们处于应有的位置。

② 安装在门上或其他活动部件上的器件，应采用适合可控部件频繁运动用的软导线连接。这些导线应固定在固定部件上或与电气连接无关的活动部件上。

③ 不敷入通道的导线和电缆应牢固固定。引出电柜外部的控制配线，应采用接线座或连接插销、插座组合。

④ 动力电缆和测量电路的电缆可以直接接到想要连接的器件的端子上。

⑤ 信号线最好只从一侧进入电柜，信号电缆的屏蔽层双端接地。

⑥ 如果非必要，避免使用长电缆。控制电缆最好使用屏蔽电缆。模拟信号的传输线应使用双屏蔽的双绞线。低压数字信号线最好使用双屏蔽的双绞线，也可以使用单屏蔽的双绞线。模拟信号和数字信号的传输电缆应该分别屏蔽和走线。不可将24V直流和115/230V交流信号共用同一条电缆槽。在屏蔽电缆进入电控柜的位置，其外部屏蔽部分与电控柜嵌板都应接到一个大的金属台面上。

⑦ 电动机电缆应独立于其他电缆走线，其最小距离为500mm。同时应避免电动机电缆与其他电缆长距离平行走线。

⑧ 如果控制电缆和电源电缆交叉，应尽可能使它们互相垂直。同时，必须用合适的夹子将电动机电缆和控制电缆的屏蔽层固定到安装板上。

⑨ 为有效抑制电磁波的辐射和传导，变频器的电缆必须采用屏蔽电缆，屏蔽层的电导必须至少为每相导线芯电导的1/10。

2）导线槽满率的规定。关于导线槽满率的考虑应基于通道的直线性和长度以及导线的柔性。通道的尺寸和布置应使导线和电缆容易装入。

3）导线的连接规定。在工业机器人配电柜中，应尽量避免出现不必要的接头，因为一般的故障多数是发生在接头上，即导线的连接处。导线接头带来的隐患是巨大的，如因导线接头的氧化、松动等原因，会使导线接触不良，产生火花和高电阻，使其发热进而烧坏接头处的绝缘。接头绝缘缠绕不良，日久脱落，使导线的芯线裸露，易造成短路和触电事故，还可能引起火灾。

4）导线接头要求的规定。

① 导线接头接触应紧密，导线接头处的电阻不得大于导体本身的电阻值。

② 接头处的机械强度不得低于原导线强度的 80%。

③ 在接头处不得使绝缘程度降低。

④ 保证运行后接头处不受腐蚀。

⑤ 可通过在敷设线路时尽量减少接头，预先测量好线路长度，配以适当长度的导线，尽量用接线盒、分线盒来代替线路上的接头等措施来减少接头影响。

（3）导线的切剥方法和切剥工艺

1）切剥方法。导线连接时，必须把绝缘层剥去，剥去的长度依接头的连接方法和导线截面大小而定。单层剥削法适用于单层绝缘导线，如塑料绝缘线，分段剥削法适用于绝缘层较多的导线，如橡皮绝缘线。斜削法像削铅笔一样。切削时，应使电工刀的刀口向外倾斜 45°角切入绝缘层。不可垂直切入，以防割伤芯线减小导线截面，使其电阻增大、机械强度降低。

2）切剥工艺。对于塑料电线绝缘层的切剥，可用单层切剥法。一般使用剥线钳较为方便，但电工还必须学会用钢丝钳或电工刀来切剥绝缘层。用钢丝钳切剥常用于 $4mm^2$ 及以下的塑料线，用电工刀切剥常用于 $4mm^2$ 以上的塑料线和护套线。

① $4mm^2$ 及以下的塑料电线的切剥工艺（用钢丝钳切剥绝缘层）。根据所需线长度，用钳口轻切塑料层，但不要切到芯线。用右手握住钳头用力向外勒去塑料层，与此同时左手握紧导线反向用力配合动作。

② 较粗导线的切剥工艺（用电工刀切剥绝缘层）。按所需线端长度将刀口倾斜 45°角切入绝缘层，注意不要切着芯线。刀面与芯线保持 25°左右夹角，用力向外剥出一条缺口。将绝缘层剥离芯线，并向后翻卷，用电工刀取齐切去。

③ 双层橡皮线绝缘层的切剥工艺（用分段切剥法，使用电工刀切剥绝缘层）。根据所需线端长度，用电工刀围绕导线轻切一圈。用刀尖顺着线端划一深痕，注意不要划伤第二层橡胶。用手把第一层编织护套和橡胶去掉，再将切圈处向前量出约 12mm，再用电工刀围绕导线轻切一圈，最后用单层法将第二层橡胶去掉即可。

④ 花线绝缘层的切剥工艺（使用钢丝钳切剥绝缘层）。切剥线端前，先将棉纱编织层向线端的反方向捋起。将露出的橡胶套根据线端需要长度用钳子勒去。将去掉绝缘层的线芯，拿出两根把护套端部扎紧两三圈，把捋起的棉织品复原。这样处理后的端部整齐美观，使棉织品端部不松散。

（4）导线的连接

1）单股导线的直接连接。

① 绞接法。用于直径小于 2.6mm 的导线。把两根导线互绞三个花后，每个线端分别在另一个线上紧密缠绕五六圈。

② 缠绕法。用于直径大于 2.73mm 的导线。先用钢丝钳将两线端稍作弯曲，相互拼合；在两导线凹缝处，加一根相同截面的辅助线；用一根 $\phi1.6mm$ 的裸导线做绑线，从中央开始分别向两边缠绕，绑线的绕长为导线直径的 10 倍；把主线端头部分弯回并贴紧，两端再用绑线缠绕 5 圈；绑线与辅助线绞合后剪去多余部分。较细的导线可不用辅助线。

③ 异径导线单卷法。将相接的细导线，从粗导线剥去长度 1/2 处由外向内缠绕 5 圈；

将粗导线弯成钩状并压紧，再用细导线继续缠绕粗导线的合并处 5 圈，剪去多余线头。

2）多股导线的连接

多股铜导线的连接有单卷、复卷、缠卷 3 种方法，无论哪一种方法，都需要把多股导线顺序依次解开，呈 30°伞状，用钳子逐个把每一股电线芯拉直，并用砂布将导线表面擦干净。施工中最常用的是单卷接线法，即把多股导线芯线顺序依次解开，制成伞状，把各张开的线端插嵌到每股芯线的中心并完全接触。把张开的各线端合拢，取出任意两股缠绕线柱 5 圈，另换两股缠绕，并把原有两股压在里档或把余线割弃，再绕 5 圈。依此类推，缠至导线边界为止，余线割弃。再用同样的方法处理另一端。

2. 接线与布线步骤

（1）接电线

1）按照电气原理图选择合适线径的电线。按照图样准确配线，根据要求正确使用导线和端头。

2）将适合的端头用压线钳压紧后，检查电线头，不得比端头过长或过短，电线的薄皮长度 8mm 左右。压接端头应牢固，无松动，两根导线不得压在同一端头上。

3）按照图样正确标记每根导线的线号，线号要求清晰，方向一致。水平走向的导线，其线号从左往右读；垂直走向的导线，其线号从下往上读。

4）压接导线均应保证接线可靠，且不得超过允许的芯数。

5）在线槽中进行布线，沿水平方向或垂直方向走线，并确保电线无缠绕。

（2）接电缆

1）电缆线应无悬空敷设情况，悬空处应加以固定。

2）电缆剥口处应用热缩管或绝缘胶带密封。

3）电缆的两端按照图样绑扎电缆标牌，电缆芯标记清楚线号。

4）设备上的电缆中间不应有接头，芯线应无损伤、裸露。

5）设备配线时应尽量将动力线和控制线分开敷设。

（3）接地

1）带金属外壳或要求接地的元器件必须可靠接地，活动的箱体侧板或柜门也必须可靠接地。

2）接地线应牢固，无松动。

3）接地线用黄绿线区分。

4）高电压或容易触电的位置，以及接地处必须粘贴相应的标志。

（4）检查

1）接线完毕后按图样进行检查，用万用表检查系统接线是否正确，保证无断路、短路、漏线以及接线松动情况。

2）电缆排列有序，绑扎无混乱，无随意交叉或歪斜。

3）盘柜内整洁、整齐、工艺美观。

（5）电缆和电线的区别　通常将电线和电缆统一称为电线电缆。电线和电缆之间，没有准确且固定的概念区分，电线和电缆一般都由电线电缆导体、绝缘层、护套层三部分组成。在具体区别上，电线一般是指由单根或多根铜或铝等导体绞合而成，然后在导体外部加上绝缘层或护套层而组成的。电缆一般由一根或多根导体组成，其中每一根导体又由一股或多股导体绞合而成，再外包绝缘或护套构成。简单地说，电线以一根为主要形式（单芯线），电缆以多根为主要形式，电缆的每一根导体都可以算作一股电线，这是电线和电缆直接的区别。

3. 工业机器人的接线与布线

工业机器人的接线和布线应严格按照接线和布线的步骤、规范进行。以某一型号工业机器人为例，首先按照电气原理图选择合适线径的电线，该机器人部分电气原理图如图5-43所示，根据电器元件在基板上的布置情况，截取导线长度，并保证导线留有余量，且不可大于20cm。然后选择合适的端头，做好线号，电线制备齐全。接着将电器元件按照电气原理图或者接线图进行接线，压紧接线端子，确保无导线裸露，接触良好。最后按照水平方向和垂直方向在线槽内布线，接线和布线效果分别如图5-44、图5-45所示。

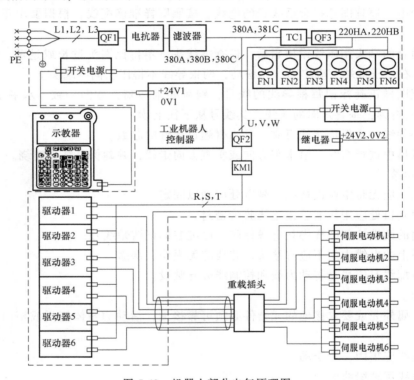

图 5-43　机器人部分电气原理图

完成电线连接后，接着需要完成电缆的连接。对于有固定功能、已成型的电缆，直接连接两个设备即可，连接处保证牢固。在布线时为方便走线，可以采用在基板上安装固定块，利用扎带绑扎成型，主控制器与通信及 I/O 模块的接线和布线如图5-46所示。相对线槽来说，该方式节省空间，方便电缆走线和成形。对于无固定功能的普通电缆，需要像接电线一样，完成电缆的接线，电缆剥口处用热缩管密封，然后再通过线槽方式或扎带方式布线，如图5-47所示。

完成电线和电缆的接线和布线后，需要继续完成接地，接地线应牢固，无松动，并用黄绿线区分。最后再对整个控制柜的接线和布线进行检查，确保电线和电缆接线正确，布线规范，柜内整洁、整齐、工艺美观。

图 5-44 接线效果

图 5-45 布线效果

图 5-46 主控制器与通信及
I/O 模块的接线和布线

图 5-47 无固定功能普通电缆的接线和布线

三、锡焊

在电器元件接线过程中,锡焊必不可少,按照锡焊焊接规范完成连接是工业机器人电气安装的工作内容。

1. 锡焊常用工具及材料

锡焊常用工具及材料见表 5-14。

(1) 电烙铁 电烙铁常用的规格有 25W、45W、75W、100W 和 300W 等,焊接电子元件常用 25W、45W 两种电烙铁;焊接强电元件应采用 45W 以上的电烙铁。电烙铁的功率选用应适当,若用大功率电烙铁焊接弱电元件,不但浪费电力,还会损坏该元件;若功率过小,则会因热量不够而影响焊接质量。电烙铁按加热方式分为外加热式和内加热式。在混凝土和泥土等导电地面使用电烙铁时,其外壳必须妥善接地,以防触电。

表 5-14　锡焊常用工具及材料

序号	工具名称	图例	基 本 作 用
1	电烙铁		基本的电子焊接及拆焊工具,完成元件与电路板、元件与导线、导线与导线之间的焊接
2	镊子		夹取小型电子元器件,对插接元器件引脚的整形,辅助焊接与拆焊元器件
3	焊锡丝		锡焊的最主要焊料之一,用来将元件引脚和电路板连接
4	清洁棉		用来清洁电烙铁头部污物,保持烙铁头的清洁
5	助焊剂		清除金属表面的氧化物,使焊锡表面温度均匀,提高焊接效果
6	吸锡枪		用来将已熔化的焊锡吸出
7	剥线钳		用来剥除电线头部的表面绝缘层,使得电线与被切断的绝缘皮分开

（2）钎料　钎料是指焊锡或纯锡,常用的有锭状和丝状两种。丝状钎料通常在中间包着松香,便于使用。A、E、B 等绝缘等级的电动机线头焊接用焊锡,F、H 级用纯锡或氩弧焊。

（3）助焊剂　助焊剂中有松香、松香酒精溶液（松香 40%,酒精 60%）、焊膏和盐酸（加入适当的锌,经化学反应后方可使用）等。松香适用于所有电子器件和细线径线头的焊接;松香酒精溶液适用于小线径线头和强电领域小功率元件的焊接;焊膏适用于大线径线头和大截面导体表面或连接处的加固搪锡;盐酸适用于钢制件的连接焊接。各种助焊剂均有不同程度的腐蚀作用,所以焊接完毕后必须清除残留的焊剂。

2. 锡焊焊接基本方法

锡焊焊接基本方法有五步法和三步法。

（1）五步法　五步法是最基础的焊接方法,具有普遍性、一贯性等特点。其具体步骤是：准备施焊-加热焊件-加焊锡丝-移走焊锡丝-移走电烙铁,见表 5-15。

（2）三步法　三步法其实就是将五步法中的步骤 2、3 合为一步,步骤 4、5 合为一步。实际上细微区分还是五步,所以五步法有普遍性,是掌握电烙铁焊接的基本方法。特别是各步骤之间的停留时间,对保证焊接质量至关重要,只有通过实践才能逐步掌握。

（3）锡焊注意事项

1）焊接准备。用电工刀或砂布（纸）先清除接线端氧化层,并在焊接处涂上适量的焊剂。

表 5-15　锡焊焊接五步法具体步骤

步骤	说　明	图例	注　意　事　项
准备施焊	准备好焊锡丝和电烙铁。烙铁头部需保持干净，可以粘上焊锡（俗称吃锡）	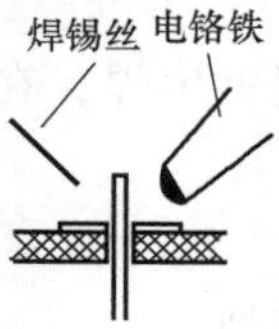 焊锡丝 电烙铁	锡量不宜过多，铺满整个烙铁头即可
加热焊件	将电烙铁接触焊接点，保持电烙铁加热焊件各部分，并使电烙铁头的扁平部分（较大部分）接触热容较大的焊件，电烙铁头的侧面或边缘部分接触热容较小的焊件，以保持焊件均匀受热	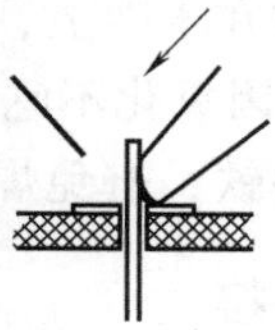	加热要均匀，加热时间不宜过长
加焊锡丝	当焊件加热到能熔化钎料的温度后，将焊锡丝置于焊点，钎料开始熔化并润湿焊点	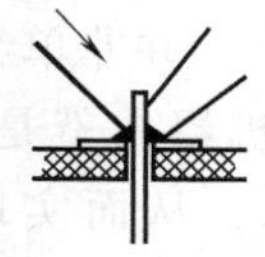	送入的焊锡丝量不可过多或过少
移走焊锡丝	当熔化一定量后将焊锡丝移走		移走焊锡丝后再加热 1~2s，保证焊锡均匀
移走电烙铁	当焊锡完全润湿焊点后移开烙铁，移开烙铁的方向应该是大致与焊件成45°角的方向		移走电烙铁时需注意移走速度和角度

　　2）焊接操作。将敷有焊锡的电烙铁头先蘸一点助焊剂，然后对准焊接点下焊，焊接停留时间要根据焊件大小决定。

　　3）焊接要求。焊点必须焊牢、焊透，钎料液必须充分渗透，表面应光滑且有光泽，不能有虚假焊和夹生焊。虚假焊是指焊件表面没有充分镀上锡，焊件之间没有被锡固定住，其原因是焊件表面的氧化层没有清除干净或助焊剂用得少。夹生焊是指钎料未被充分熔化，焊件表面的锡结晶粗糙，焊点强度大为降低，其原因是烙铁温度不够高和焊接停留时间太短。

3．锡焊操作要点

（1）绕组接线的焊接

　　1）清除接线头的绝缘层和导线表面的氧化层，按连接要求进行接头，涂助焊剂。

　　2）焊接时，接线头与绕组间需用纸板隔开，防止锡液流入绕组缝隙。

　　3）将接线头连接处置于水平状态再下焊，这样锡液就能填满接线头上所有空隙。焊接后的接线头两端焊锡应丰满光滑，不可有毛刺。

　　4）焊接后应清除残留的助焊剂，恢复绝缘。

（2）柱头接线的焊接

　　1）剥去线端的绝缘层和清除芯线氧化层后要拧紧。

2）清除接线耳内的脏物和氧化层，涂助焊剂。

3）将线头镀锡后，塞进涂有焊锡的接线耳套管中再下焊。焊接后，连线耳端口焊锡应丰满光滑。

4）焊接后，为了避免出现夹生焊，在焊锡未充分凝固前，不要摇动接线耳、线头或清除残留助焊剂。

（3）安全提示

1）电烙铁金属外壳必须接地。

2）使用中的电烙铁不得放在木架上，应放在金属丝制成的搁架上。

3）禁止用"烧死"（焊头因氧化不吃锡）的电烙铁头焊接，以免烫坏焊件。

4）严禁甩动使用中的电烙铁，避免焊锡甩出伤人。

四、外部元件或设备连接

在工业机器人的实际应用中，并非单纯的工业机器人在动作，而是工业机器人搭载末端执行器进行工作。比如，搬运机器人就是在工业机器人的末端安装夹具，如图 5-48 所示，从而实现搬运货物功能。这就需要对工业机器人系统进行装配，能把新增的外部电器元件连接到控制柜。完成工业机器人末端执行器的电气驱动。

1. 工业机器人系统的外部元件电气装配注意事项

外部元件的电气装配规范不但应符合基板布置规范和接线布线规范，还应特别注意以下要求。

1）末端执行器安装在工业机器人末端法兰盘上，保证安装正确、牢靠、可拆卸。

2）选用能完成相应功能的专用工业机器人，并能快速完成相应工业机器人系统装配。

图 5-48　搬运机器人末端夹具

3）行程开关、接近开关、电磁阀等外部元件，安装位置应适当，不能干涉机器人关节轴运动。

4）各元件固定位置应牢固。

5）线缆和气管应分开绑扎，但当线缆和气管都作用于同一个活动模块时，允许绑扎在一起。不得因为气管折弯、扎带太紧等原因造成气流受阻。扎带切割后剩余长度不超过1mm。线缆和气管在安装时需要使用线夹固定，线夹固定在机械臂上，电缆、电线、气管绑在线夹子上，线缆和气管沿着机械臂方向走线。扎带的间距不超过 50mm。

6）所有活动件、线缆、气管，在运动时不得发生碰撞、缠绕。

7）电线中不用的松线必须绑到线上，并且长度必须和使用中的那根一样。同时必须保留绝缘层，以防发生触点闭合。

8）外部元件（电磁阀、接近开关等）的控制线缆接到机器人控制柜 I/O 单元后，还需要在机器人示教器上进行 I/O 信号配置，方可编程控制应用。

9）为了增大机器人控制柜 I/O 单元输出能力，以及实现外部元件与控制柜的电气隔离，可以借助中间继电器。

2．搬运机器人系统的外部元件电气连接

本节以某一型号搬运机器人为例（见图 5-49、图 5-50），介绍搬运机器人系统的外部元件电气连接。搬运机器人系统外部元件组成见表 5-16。

图 5-49　搬运机器人

图 5-50　搬运机器人夹爪

表 5-16　搬运机器人系统外部元件组成

序号	名　　称	单位	数量
1	末端执行器(夹爪)	个	1
2	接近开关	个	2
3	电磁阀	个	1
4	气管	条	2

在搬运机器人系统的外部元件电气连接过程中，首先完成外部元件的布置安装，将末端执行器直接连接到末端法兰盘，电磁阀的安装可借助机器人本体预留的安装孔选择位置，如图 5-51 所示，接近开关安装到夹爪气缸上，如图 5-50 所示。

然后，依据电气原理图（见图 5-52）和气动原理图（见图 5-53），完成接近开关、电磁阀和工业机器人控制柜通信及 I/O 模块的接线，以及夹爪气缸与电磁阀气管的连接，电磁阀主气管的连接。完成接线和接气管后，需要对线路和气路进行固定，可利用扎带或缠绕管绑扎线路、气路，再通过机器人预留的安装孔上的固定块固定。

图 5-51　电磁阀的安装

最后，对电器元件进行调试。首先，在机器人示教器上进行 I/O 信号配置，保证能通过机器人示教器控制夹爪、传感器等；接着调试气管进气口、出气口，保证夹爪张开、夹紧方向正确；再继续调试夹爪气缸上接近开关的位置，实现对夹爪开口大小的控制。这样就完成了搬运机器人系统的外部元件电气连接。

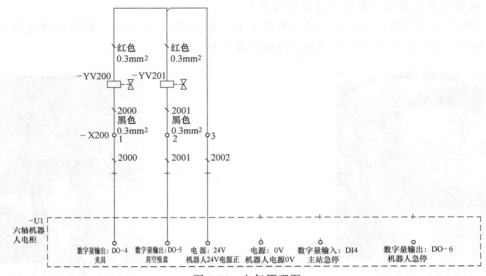

图 5-52 电气原理图

五、参数整定

电气设备在投入正常运行前必须先测试设备运行时各种参数的变化情况,看其是否满足在整定参数范围之内的要求。因为电气设备参数设计的理论值和设备的运行值存在客观偏差,如果这个偏差过大,超过了整定值,就会影响设备的运行。所以,进行设备参数整定是重要的调试工作。

工业机器人的技术参数包括自由度、精度、工作范围、最大工作速度、承载能力、电气相关参数、可靠性和安全性等,这些都是参数整定的项目。

1. 自由度

机器人所具有的独立坐标轴的数目,一般不包括手爪(或末端执行器)的开合自由度。

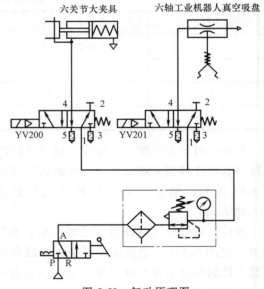

图 5-53 气动原理图

在三维空间中表述一个物体的位置和姿态需要 6 个自由度。但是,工业机器人的自由度是根据其用途而设计的,可能小于 6 个也可能大于 6 个自由度。

从运动学的观点看,在完成某一特定作业时具有多余自由度的机器人,叫作冗余度机器人。利用冗余的自由度可以增加机器人的灵活性,躲避障碍物和改善动力性能。人的手臂共有 7 个自由度,所以工作起来很灵巧,手部可回避障碍物,从不同方向到达目的地。

2. 精度

工业机器人精度是指定位精度和重复定位精度。定位精度是指机器人手部实际到达位置与目标位置之间的差异，用反复多次测试的定位结果的代表点与指定位置之间的距离来表示。重复定位精度是指机器人重复定位手部于同一目标位置的能力，以实际位置值的分散程度来表示。实际应用中常以重复测试结果的标准偏差值的 3 倍来表示，它是衡量一列误差值的密集度。

3. 工作范围

工作范围是指机器人手臂末端或手腕中心所能到达的所有点的集合，也叫作工作区域。因为末端执行器的形状和尺寸多种多样，为了真实地反映机器人的特征参数，一般工作范围是指不安装末端操作器的工作区域。工作范围的形状和大小是十分重要的，机器人在执行某作业时可能会因为存在手部不能到达的作业死区而无法完成任务。

4. 最大工作速度

最大工作速度是指工业机器人自由度上最大的运行速度，或手臂合成运动速度。工作速度越高，工作效率就越高。

5. 承载能力

承载能力是指机器人在工作范围内的任意位置上所能承受的最大载荷。载荷不但包括负载质量和末端执行器质量。而且与机器人的运行速度、加速度的大小和方向有关。为了安全起见，承载能力这一技术指标是指高速运行时的承载能力。

6. 额定电压

额定电压又称工作电压，它是机器人长时间工作时所适用的最佳电压。此时元件都工作在最佳状态，机器人的性能比较稳定，这样有利于机器人的寿命延长。对电压参数进行整定，是保证机器人在额定电压下工作。

7. 额定电流

额定电流又称工作电流。在设备的设计过程中，是通过对元件的热设计来满足额定电流要求的，因为当元件有电流流过时，由于存在导体电阻和接触电阻，元件将会发热。当其发热超过一定极限时，将破坏元件的绝缘和形成元件表面镀层的软化，造成故障。因此，需限制额定电流，限制元件内部的温升不超过设计的规定值。对电流参数整定，是将电流大小控制在正常工作范围内。

六、装配故障的检查处理

工业机器人装配完成后，需进行设备的检查、调试，以排除控制柜内部电气系统出现的故障和外部元件的接线故障等。电气装配检查的方式包括查看控制柜电气安装图样，并用检测工具进行检查，排除故障，另一种是可以直接通过示教器接线、功能运行情况检查。两种方式检查的侧重点不同，利用示教器侧重发现问题，利用电气安装图样及检测工具侧重发现问题及解决问题，两种方式共同运用，可以快速高效地完成工业机器人的装配、检查、调试工作。

1. 通过示教器排查故障

（1）手动操作机器人排查

1）将控制柜面板按钮置于手动状态。设置好手动摇杆控制的自由度，包括六个关节轴运动的选择和 X、Y、Z 方向运动的选择。调整机器人速度，手动操作时速度不要过高。按住示教器背面的"安全"按钮。只有在按下"使能"按钮，并保持在"电动机开启"的状态（在示教器状态栏可以看到）时，才能对机器人进行运动操作。出现意外情况，本能松开"使能"按钮，机器人马上就会停止。

2）操作摇杆，排查故障。摇杆移动的幅度跟机器人的运动速度相关，幅度越大速度越快。如果六个关节轴都能正常运动，说明主控制器、伺服驱动器、伺服电动机这些电气设备的电线、电缆连接正确。若轴不能移动，说明这些电气设备存在故障，故障报警会在示教器和伺服驱动器上显示，可以有针对性解决。

（2）外部元件连接故障排查　在示教器上配置 I/O 单元，对输入、输出信号进行配置。在示教器上对输入信号进行监控，监控传感器输入信号是否正确，检查配置的信号与实际信号是否对应。0 表示无信号，1 表示有信号。在示教器上控制输出信号，单击 0 或者 1 即可更改夹具状态，强制进行夹具松开、闭合的操作，查看电磁阀接线是否有错误，气管连接是否有错误。

（3）程序运行故障排查　对机器人手动基本操作和外部元件连接故障排查后，即可进行程序运行故障的排查。先进行手动运行检查，调试过程中一旦发现问题，松开使能控制器，机器人就会停止，针对发现的故障问题按照示教器故障提示进行解决。手动运行检查无误后，再进行自动运行检查，故障处理方法同手动检查。

（4）注意事项

1）送电前必须确保电源接线正确、牢靠，并且有效接地。

2）示教器需断电插拔。

3）断电后再重启，必须等到完全关机后约 1min 再启动，以防数据丢失。

2. 装配故障的检查处理

工业机器人控制柜常发生的故障主要是电缆连接点处接触不良，继电器触点烧坏，主电源无法得电，继电器板信号连接不正常，熔丝熔断等故障。对于这些问题主要的解决方法是查看控制柜电气安装图样，并用万用表进行检查，排除故障。以某一型号工业机器人为例进行装配检查。

（1）控制柜接通主电源不动作　按下控制柜"接通主电源"绿色按钮而继电器不吸合动作，同时主电源绿色指示灯不亮。解决办法为首先查看控制柜"急停"按钮和示教器"急停"按钮是否按下，如果按下则将其释放后重新接通主电源。如果"急停"按钮正常则查看继电器是否点亮，如果没有点亮则继电器触点烧坏，更换烧坏继电器；如果按住"接通主电源"按钮继电器点亮而释放按钮后继电器又回到原来状态，这时应检查驱动器或示教器是否有报警，如果有报警则清除报警后重新接通主电源；如果其他都正常还是无法接通主电源，则为交流接触器损坏或是电路连接有问题，这时使用万用表对照图样进行排查。

（2）继电器触点烧坏　该机器人控制柜电路有四个继电器 K1、K2、A8 和 K4，其中 K1、K2 触点为急停用双回路继电器，两个继电器配合使用，如果其中有一个不亮时可判定另外一个已烧坏。

A8 用于伺服驱动器报警信号输出控制的报警指示继电器。DS8 为急停指示灯，当"急停"按钮没有按下时，此灯常亮。DS8 指示灯不点亮时，控制柜伺服报警灯点亮，这时查看继电器板 A1～A6 伺服驱动器继电器对应的指示灯哪个被点亮，同时会看出对应的驱动器有报警，若 A8 继电器没有烧坏，清除驱动器报警后 DS8 就能点亮，如果不能使 DS8 点亮则更换 A8 继电器即可。

K4 继电器为接通主电源用继电器，当按下"接通主电源"按钮 K4 没有反应则更换继电器查看，否则检查电路连线。

（3）熔丝熔断　该工业机器人控制柜内有三个熔丝：继电器板上熔丝 F1、F2 和 FU1。

1）FU1 为控制电源用熔丝，通过检查 FU1 中熔丝底座红色指示灯是否点亮来判断熔丝是否熔断，如果熔断则红色指示灯会点亮。在检查出熔丝熔断后应更换熔丝，同时不要动作机器人，先检查线路是否有短路以致熔丝熔断，如果排查没有则正常使用即可，熔断可能是过冲电流导致的。

2）F1 为控制电源熔丝，当控制器或 24VP 没有电时为 F1 熔丝熔断，同时可通过查看电源指示灯 DS17 是否点亮来判断电路是否有与地短路的情况发生，排查完后更换 5A 的玻璃管熔丝即可。

3）F2 熔丝熔断后机器人抱闸无法打开，并且继电器旁边电源指示灯 DS9 不会点亮，此时检查电路连接情况，排除故障或确认无故障后更换 10A 熔丝即可。

（4）电缆连接点处接触不良　电缆接触不良可能在整个控制柜的任何地方发生，这种情况下不易查找故障点，此处可以分为强电接触不良和弱电电路接触不良。解决办法是通过查看电气图样，用万用表来测量，发现问题后需要重新连接电路来排除故障。

1）主电路接触不良时，按下控制柜门上的"开伺服"按钮后，驱动器显示面板上会出现字母"U"闪烁，如果是单台出现则检查此驱动器的主电路连接（L1、L2），如果所有的驱动器都是这种情况，则检查交流接触器前面的电路。

2）编码器线接触不良时，驱动器会显示"r20"闪烁报警，可将驱动器到电动机的编码器线缆分段逐一检查，看是否有接触不良的情况。

3）动力线接触不良时，如果有某根驱动器到电动机侧的（U、V、W）线出现接触不良情况，相应的关节电动机在使能后很有可能出现飞车现象，所以必须确保连线正确无误。

（5）示教器系统报警故障　示教器显示报警故障，有可能是硬件故障，也可能是软件故障，一般软件故障较常见。可以通过示教器查看报警信息，分析故障原因后可以采取相应的解决办法。

（6）常见伺服驱动器报警　当伺服驱动器出现故障时，在伺服驱动器显示面板上会显示报警代码，可以通过查阅伺服驱动器手册找到该代码的含义及解决方法。

（7）供电电源电压的检查　用万用表交流电压挡检测控制柜进线断路器（QF0）上的 L1、L2、L3 进线端子部位，确认供电电源电压是否正常。电压确认见表 5-17。

表 5-17　电压确认

测定项目	端子	正常数值
相间电压	L1-L2、L2-L3、L3-L1	（0.85~1.1）×标称电压（AC 380V）
与保护地线之间电压（PE 相接地）	L1-PE、L2-PE、L3-PE	（0.85~1.1）×标称电压（AC 220V）

（8）缺相检查　进行缺相检查试验。缺相检查及项目内容见表 5-18。

表 5-18　缺相检查

检查项目	检查内容
检查电缆线的配线	确认电源电缆线三相 380V 连接是否正确,若有配线错误及断线,请更正处理
检查输入电源	准备万用表,检查输入电源的相间电压。判定值为(0.85～1.1)×标称电压(AC 380V)
检查断路器(QF0)有无损坏	打开控制电源,用万用表检查断路器(QF0)的进线端及出线端相间电压。如果有异常,请更换断路器(QF0)

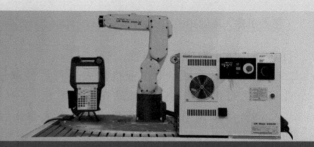

第六单元

工业机器人操作与编程

第一节　工业机器人操作

一、工业机器人的安全操作规程

工业机器人属于工业设备中的一种，是高度自动化的智能设备。因此，工业机器人的操作及编程必须严格按照安全标准规程来进行，避免在使用过程中发生事故。

1. 安全操作规程

（1）紧急停止　在工业机器人的控制柜和示教器上分别有一个紧急停止按钮，称为"急停"按钮，当发生意外情况时紧急拍下，工业机器人立即停止工作。

（2）速度限制　在手动模式下，工业机器人的速度必须控制在 250mm/s 以内。

（3）操作资格　只有经过培训，熟悉工业机器人的安全操作规范和系统功能的人员，才能操作工业机器人。

（4）操作前准备　在操作前必须熟悉"急停"按钮的位置和脱险路线，若两个人以上一起工作，必须有一个人始终处于能够随时按下"急停"按钮的状态。

（5）示教器　在使用示教器时，需实际确认所有的示教点。持示教器编程时，要位于安全区域。操作前要理顺示教器电缆，防止电缆被剐蹭和人员被绊倒。示教器使用后应放回原位。

（6）保持安全距离　在没有急停预防的情况下，严禁靠近工业机器人。即使工业机器人看起来是静止的、可接近状态，也需时刻注意工业机器人可能会突然动作。不得背对工业机器人工作。

（7）禁止随意跳步　操作时不要随意跳步，如果必须跳步，必须先确认工业机器人运行轨迹，防止发生干涉碰撞。

（8）抓件调试　对工业机器人进行抓件调试时，必须明确夹具打开和关闭信号。当工业机器人带件操作时，严禁站在工件下方。

（9）手动调整　手动调整工业机器人作业后，必须再次低速运行确认工业机器人轨迹，防止工业机器人发生高速碰撞。

（10）焊接作业　手动调整工业机器人焊接等作业时，必须带防护眼镜，防止焊渣飞溅入眼。

（11）自动运行　确认工业机器人工作区域无人之后，方可启动自动运行模式。

2. 工业机器人的安全电路

工业机器人的安全系统是基于两条双重监控的安全电路的。如果有错误或外部故障被检测到，电动机的电源将被切断，伺服电动机的抱闸失电抱紧，并返回到工业机器人的电动机断电状态。两条电路的开关应该相互连接。当安全电路断开时，中断程序会自动将信息输送到处理器，去寻找可能出现的原因。工业机器人的安全电路如图 6-1 所示。

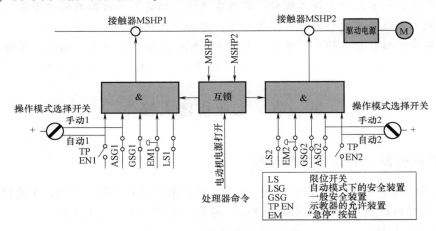

图 6-1　工业机器人的安全电路

二、示教器操作

示教器是对工业机器人进行手动操作及编程的人员操作装置，不同品牌的工业机器人其示教器面板形式不同，但功能模式是相同的。示教器的功能模式主要有急停、操作方式选择、方向操作等。

1. 急停按钮

每个示教器上最为明显的就是红色的"急停"按钮，该按钮的权限等级最高，在任何情况下，只要按下该按钮，就会切断工业机器人伺服电动机的电源，抱闸会立即抱死，紧急制动（即工业机器人无论在手动状态还是自动状态下都会立即停止动作）。紧急情况发生拍下"急停"按钮后，要在"急停"按钮上悬挂"急停中"指示牌，避免出现其他人误动而松开"急停"按钮情况。需注意的是，急停对工业机器人的损伤是严重的，尤其是当工业机器人高速工作时进行紧急制动，对工业机器人的电动机和控制电路的影响很大。因此，如果没有紧急危险，仅仅是要让工业机器人停止，应避免使用"急停"按钮。

2. 操作模式切换旋钮

每个示教器都会在明显位置设置"操作模式切换"旋钮，工业机器人一般有三个操作模式选项，分别为手动操作、自动操作、调试操作。也有个别类型的工业机器人只有两个切换选项，分别为手动操作和自动操作。

（1）手动操作模式　手动操作模式是操作者可以通过操作示教器来具体操作工业机器人运行，工业机器人按照示教器操作一步一步运行，做单轴动作或各轴联动。手动操作模式下工业机器人动作速度限制在 250mm/s 以内。

（2）自动操作模式　自动操作模式是工业机器人自动通过 PLC 与生产线的其他设备通信，按照生产线要求来进行动作。自动操作模式时，如果遇到紧急情况，拍下示教器的"急停"按钮，工业机器人同样也会立即停止动作。

（3）调试操作模式　当需要工业机器人从较高速度进行动作测试或程序测试时，就需要使用调试操作模式。调试操作模式状态下，工业机器人的运行速度可以和自动运行速度一样，因此调试操作模式有密码来防止误操作。进入调试操作模式之前，必须对工业机器人的程序进行手动操作确认。有一些工业机器人没有单独设置调试操作模式，可以在手动操作模式下进行调试操作。

3. 方向操作按钮

对于常见的六轴工业机器人，方向操作按钮一般会有 6 组，每组有正负各一个按钮，共 12 个按钮。通过对这 12 个按钮的操作，使工业机器人按照要求进行各种各样的动作。

工业机器人常见的操作坐标系有单轴坐标系、基础坐标系（也称为世界坐标系）和工具坐标系。

（1）单轴坐标系　对工业机器人的旋转轴可以按照 1~6 轴这样规定，最底部旋转轴为 1 轴，依次往上。六轴工业机器人的单轴坐标系如图 6-2 所示。各轴的自由度也不尽相

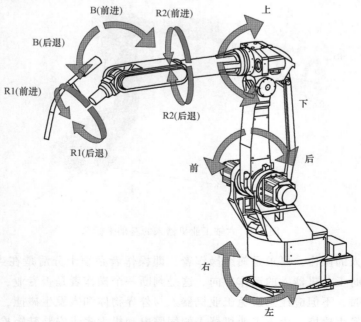

图 6-2　六轴工业机器人的单轴坐标系

同，1 轴、4 轴、6 轴为旋转轴，可以 360°转动。手动操作模式时，每两个按钮对应一个轴的正方向和反方向操作。每个工业机器人的单轴运动都有对应的伺服电动机和减速器系统。

（2）工具坐标系 工业机器人都设置有工具坐标系以方便操作者进行实际作业的示教。六轴工业机器人的工具坐标系如图 6-3 所示。用户可以自定义设置工具坐标系，因此，当一台新工业机器人投入应用时，首先应确认工具坐标系是否正确。工具坐标系的设定方法通常有三点法和数值输入法两种。

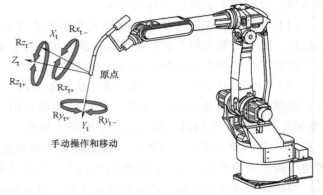

图 6-3　六轴工业机器人的工具坐标系

要注意的是，工业机器人的工具坐标系是在基础坐标系的基础上设定的，若基础坐标系发生变化，工具坐标系也会随之变化。每个轴的原点位置若发生变化，工具坐标系也会发生变化。

（3）基础坐标系 工业机器人的基础坐标系是以工业机器人底座中心为基准点的坐标系系统。六轴工业机器人的基础坐标系如图 6-4 所示。每台工业机器人安装时自带基础坐标系。但是，若工业机器人由于轴原点设置和工业机器人实际位置不符，基础坐标系会和实际情况差异很大，因此一台新的工业机器人安装后，需确认其各轴的原点位置是否和实际的机械位置一致。

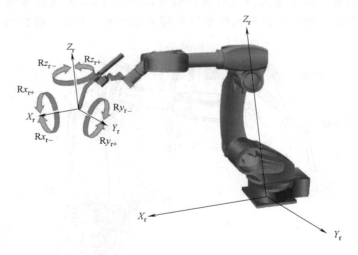

图 6-4　六轴工业机器人的基础坐标系

对工业机器人的操作，要求是熟练操作者，即操作者必须十分清楚在当前操作模式下，按下各方向按钮时工业机器人的动作方向。这是判断一个操作者是否专业、熟练的标志。当操作工业机器人时，不但应注意避免工业机器人与外界物体和人发生碰撞，还应注意避免工业机器人和自身发生碰撞。由于工业机器人的伺服电动机大多未安装转矩检测器，因此其一旦和自身有干涉而未提前发现，将受到严重损坏。

4. 其他功能性按钮

随着工业机器人技术的提高，示教器的按钮在逐步减少，除了以上几类工业机器人的功能键，一些其他按键都被集成到工业机器人操作系统中，可使用虚拟按键和触摸屏来实现工业机器人操作。不同工业机器人的功能性按钮也各不相同，应按照说明书使用。

三、工业机器人参数设置

工业机器人的参数设置在工业机器人检测测试、工业机器人实际工作、程序编制等方面都有着重要作用，工业机器人的基础参数不正确会导致一系列问题。在设置工业机器人的参数前，必须了解这些参数，明确参数设置后的效果及设置注意事项。几种常见的通用参数及其设置如下。

1. 语言参数

工业机器人系统安装的一般是英语语种，因此需要掌握一定的工业机器人英语词汇，以方便工业机器人的实际应用。也有许多工业机器人系统安装有中文语种，通过设置可以将系统设置为中文。一些工业机器人在语种设置时会要求工业机器人系统重新启动，因此在更改工业机器人语种时，应使工业机器人处于停止状态。

2. 循环模式参数

循环模式参数是工业机器人自动运行或者处于调试状态下的运行状态，一般有三个选项，包括："STEP"，是每次得到启动信号时工业机器人运行一步；"CYCLE"，是每次得到启动信号时工业机器人运行当前程序一遍；"CONTINUE"，是得到启动信号时工业机器人会执行当前程序，并且循环执行下去，直至得到停止信号才停止。

3. 运行速度参数

运行速度参数有手动操作运行速度和自动运行速度两个项目可以修改。

运行速度是由比例参数设定的，设定值的范围为 1~100，表示工业机器人最高速度的百分比。工业机器人运行速度设置时应考虑实际情况，在其周边无干涉物，又距离工作位置较远时，可将速度设置高一些。当工业机器人接近工作区域，或者其周边环境复杂时，就应降低运行速度，避免发生碰撞。

4. 逼近值（精度）参数

逼近值是工业机器人在运行程序时，距离程序设置点的长度。逼近值越大，距离程序点越远。在工业机器人工作点，如焊点、抓件位置点，就必须将逼近值设置为最小，使工业机器人能准确到达指定位置点之后再作业。在不重要的轨迹过渡点，可以选择大一点的逼近值，既能使运行轨迹圆滑，又能有较快的运行速度。

坐标点逼近值示意如图 6-5 所示。程序中有三个位置点，从 A 出发，经过 B 到达 C。若对 B 的位置逼近值进行修改，当逼近值最小时，工业机器人行走路线为直线，从 A 到达 B 点以后，再前往 C 点。而将 B 点的逼近值参数增大时，程序运行时轨迹就会偏离 B 点位置。逼近值参数越大，则距离 B 点位置越远，工业机器人的运行轨迹越平滑，运行速度越快。

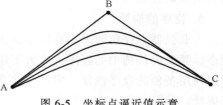

图 6-5 坐标点逼近值示意

5. 工业机器人原点位置参数

工业机器人伺服电动机的编码器采用绝对值编码器，编码器内部有数据保存电池，可以在工业机器人断电后对编码器的数据保存。绝对值编码器有一个基准零点，因此工业机器人的每个轴都会有一个基准零点。

在工业机器人的使用过程中，为了确保其可以正常操作和使用，工业机器人编码器的基准零点和工业机器人自身的机械原点必须一致。因为基准零点决定着工业机器人基础坐标系、工具坐标系的方向。一台新工业机器人启用时，或者工业机器人机械部件拆卸更换后，都需要对机械原点和基准零点校准。工业机器人每个轴的机械原点都会有一个标尺刻度，以方便原点校准。原点校准不正确将导致工业机器人程序轨迹发生偏移。

因此，工业机器人的原点位置校准是工业机器人装调中的重要操作。

6. 工业机器人限位参数

工业机器人每个轴都不是无限度转动的，为了避免轴的过度转动导致与自身发生碰撞的情况，需从伺服数据上设置一些数据限位，即软限位。软限位的设置有两个，一个是正方向的限位，一个是反方向的限位。通过两个位置的限制，对工业机器人每个轴的运动范围做一界定，避免各轴超范围转动。软限位是让工业机器人在规定的空间内完成规定动作的一种限制方法。在生产中的应用很多，比如生产线上有多部工业机器人，软限位使它们各自独立工作而不发生碰撞。

四、工业机器人程序相关操作

工业机器人程序是工业机器人的工作依据，一个完善的程序运行时，工业机器人动作平稳高速，快慢有节奏，搬运物体时力矩最小。工业机器人程序编制需要经过多次修改和完善。程序编制中和完成后应及时备份。对程序的常见操作如下。

1. 程序的重命名

为了方便管理，需要对工业机器人程序命名或修改。程序名的命名要符合工业机器人系统规定，需要注意一些机型无法实现中文命名。

在工业生产中，工业机器人程序命名要符合车间项目的要求，进行一致化命名或修改，避免出现管理混乱。程序名修改后需要在工业机器人配套的工作簿上记录，以便作为参考。

2. 程序的复制

程序的复制包含对整体程序的复制和对程序内部局部程序段的复制。整体程序的复制常用于程序的备份，操作方法和在计算机上复制文件的方法相同。程序段的复制常用于重复性动作的编程过程。操作时应注意复制的程序内容是否是所需的部分，以及插入程序的位置及前后衔接是否正确。

3. 程序的删除

工业机器人存储的无用程序过多会导致管理困难及维修作业困难，需要定期删除。删除程序前需要确认选中的程序确实为不用的程序，避免误操作删除正常程序。如果误删程序，可以使用备份的程序恢复，但需要注意备份程序的日期是否正确，并通过试运行确认程序的正确性。

4. 程序的保护

通常工业机器人对内部程序都有保护措施，以免无关人员误操作而导致严重事故。当确认程序已经修改完成，经调试可以正常使用时，需要对程序进行保护。程序保护操作需要输入密码才能进行，即对工业机器人操作人员和维修人员的权限进行区分。同理，如果要修改或者删除保护的程序，需要输入密码，才可以进行相关操作。

5. 程序参数的批量修改

工业机器人的实际程序一般都很长，有的甚至有上千条，如果整体设计不良，逐条修改，不仅工作量会非常大，而且易出错。因此，工业机器人系统可以对工业机器人程序整体修改，例如对整体程序中具体步骤的运行速度、逼近值、工具号等信息进行统一修改。修改后的程序必须手动运行确认正常，与周边设备无碰撞可能，才能进入自动运行。

6. 程序在外部存储的备份

及时备份工业机器人程序是工业机器人管理工作的重要内容。工业机器人的程序一般可以在 3 处备份，一是工业机器人系统内部的存储空间，但是内部存储空间并不可靠，一旦工业机器人存储系统发生故障，程序和备份程序都会无法找回；二是存储在工业机器人电路板插槽上的外部存储卡；三是使用计算机对工业机器人程序备份。在生产中最常用的方法之一是用计算机备份程序。在计算机上建立专门文件夹，文件夹以工业机器人的工位命名，标注备份日期。

第二节　工业机器人编程

工业机器人语言是工业机器人技术的一个重要组成部分。随着工业机器人作业动作的多样化和作业环境的复杂化，依靠固定的程序或示教方式已无法满足要求，必须依靠能更好地适应作业和环境的工业机器人语言编程来使工业机器人完成工作。由于工业机器人语言多是针对某种具体类型的工业机器人而开发的，所以其通用性较差。

一、工业机器人程序的主要内容

工业机器人程序主要有几个方面内容：一是程序名，每个程序都有独立且唯一的程序名；二是程序信息，包含这个程序有多少步，有多少焊点，工业机器人的类型等信息；三是程序步号，可从程序的步号对工业机器人程序进行操作及调用；四是程序具体内容，包含整个工业机器人自动控制的详细信息，工业机器人与外部信号通信的相关程序；五是结束句，即 END 语句，工业机器人程序最后都必须有 END 语句，程序才会自动运行，否则发生报警信号。工业机器人程序（部分）如图 6-6 所示。

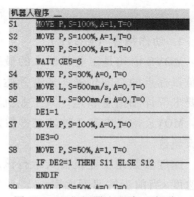

图 6-6　工业机器人程序（部分）

二、工业机器人的动作指令和信号控制指令

工业机器人程序主要由各种指令构成，每种工业机器人的指令、语句格式及使用方

法都有所不同，但指令类别大致相同，主要有位移动作指令、信号控制指令、动作及附加设备工作指令、逻辑运算指令和其他功能指令等。某工业机器人的指令列表如图 6-7 所示。

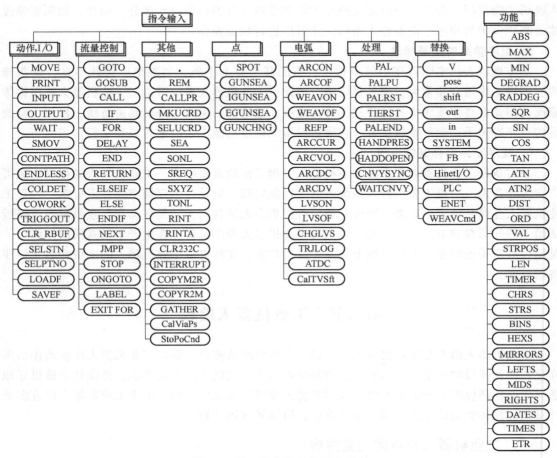

图 6-7　某工业机器人的指令列表

1. 动作指令（MOVE）

MOVE 语句是工业机器人的最基本语句，是工业机器人移至目标点的指令，指令中给出的是目标点的空间位置，还有到达该目标点的速度、逼近值、工具编号、中断参数和行进轨迹要求等详细信息表达。某工业机器人 MOVE 指令的信息内容见表 6-1。

MOVE 指令中有 3 种轨迹参数定义，"P" 为点到点的移动，"L" 为直线轨迹，"C" 为圆弧轨迹。

速度参数是工业机器人运行该步程序时的动作速度，工业机器人在该步的实际速度＝整体速度×当前步的速度比率。

在 MOVE 指令中表达的逼近值信息（精度），可以根据实际情况设定大小。

2. 信号输出指令（DO）

DO 指令常用于工业机器人到达指定位置后，命令其他部件动作，如工业机器人要求控制气缸的电磁阀动作，要求外部的夹具气缸动作等。工业机器人程序中可以写入 "DO X＝1"

表 6-1　某工业机器人 MOVE 指令的信息内容

说明	机器的工具末端移向 Pose 位置		
语法	MOVE<插值>,[<Pose>],S=<速度>,A=<精度>,T=<工具编号>,[<输出选项>][UNTIL<条件公式>][<中断　状态变数>]		
参数	插值	P:轴插值,L:直线插值,C:圆弧插值,SP:静态工具轴插值,SL:静态工具线性插值,SC:静态工具弧插值	
	Pose	Pose 公式。移动的目标姿势。若有隐藏的 Pose 则可省略或仅指定 Shift 公式	
	速度	计算公式,工具末端的移动速度,需要附加单位(mm/s,cm/min,%)	
	精度	0~7,0 为最大精度	
	工具编号	0~15	
	输出选项	X1、X2、X3、X4、PU、PK 和 PS(仅可指定复数)	
	条件公式	条件公式通过瞬间的机器操作终止,可视为抵达指定的 Pose	除 0 以外为真,0 为假
	中断状态变数	储存条件公式结果。可确认 MOVE 操作是否根据条件公式结束	与 UNTIL 文同时使用
使用实例	MOVE C,P[0]+R[1],S=800mm/s,A=0,T=1 MOVE P,R1,S=80%,A=1,T=3 UNTIL DI1(隐藏的 Pose) MOVE L,S=0.5sec,A=0,T=0,X1 UNTIL DI2=&H7F,V1%(隐藏的 Pose)		

或者"DO X=0"来实现外部设备的动作,其中"X"应根据程序中对外部设备的定义来对应写明。

DO 指令可以用于模拟量的输出或数字量的输出,具体应用取决于实际 PLC 的设定内容。

3. 等待外部信号指令(WAIT)

WAIT 指令常用于工业机器人与外部 PLC 通信时工业机器人接收外部信号。当工业机器人接收到外部输入信号后,才会继续运行下去,否则就在原地持续等待,直到要求的信号输入。如工业机器人抓取工件后,外部光电检测开关检测到工业机器人已经抓取到工件并向工业机器人发出信号,工业机器人才能移动。程序中就可以写入"WAIT DIX=1",来实现工业机器人与外部信号的通信。

4. 显示提示信息指令(PRINT)

PRINT 是在工业机器人自动运行时,便于操作者查看工业机器人当前状态的提示信息指令,具体的提示内容可以由编程者编制。如在工业机器人堆垛、码垛时,可以在每一个作业对象后面增加一个 PRINT 指令,来提示操作者当前搬运的是第几个工件。

三、工业机器人的过程控制指令

1. 跳行指令(GOTO)

当工业机器人需要重复去做一个工作时,就可以使用 GOTO 指令,该指令的对象是行编号,常见的语句格式是"GOTO LABLE X",即跳至第 X 行运行。也有一些工业机器人的行编号是固定的，可以直接用"GOTO X"格式来编辑。

GOTO 语句是一个循环语句，在编程时必须对循环内容设定一定的停止条件，当工业机器人达到该条件时，会跳出这个循环。

2. 程序调用指令（CALL）

工业机器人系统在运行时，需要跳至其他程序运行时，就可以使用 CALL 语句。在 CALL 后面直接加被调用程序的程序名，就可以调用其他程序运行。需要注意的是，被调用的子程序应用完成后，工业机器人将自动返回主程序中继续运行。

3. 等待指令（DELAY）

工业机器人在运行时不持续运行，如工业机器人到达目标位置后，需要等待一些时间，接着再运行。此时就需要用到等待命令，DEALY 后面跟的是数值，是等待的时间，以 ms 为单位计数。"DELAY 1000"就是等待 1s 的意思，有部分工业机器人使用 s 为单位计数。有的工业机器人不使用 DELAY 命令，而是使用 TIME 命令，它和 DELAY 命令的使用方法是一样的。

4. 程序停止指令（STOP）

STOP 常用于条件语句中，当工业机器人达到设定条件，则会停止运行。如在堆垛、码垛中，设定工业机器人搬运 10 个工件后停止运行，STOP 就可以和 IF 语句组合起来使用，以实现该目的。

5. 条件指令（IF ELSE、THEN 和 ENDIF）

条件指令在工业机器人程序设计时很常用，在与外部信号的交互中，经常使用 IF 语句。如当工业机器人接收到传感器 1 的信号"DI1"时，工业机器人调用 1 号程序，搬运 1 号物体。当工业机器人接收到传感器 2 的信号"DI2"时，工业机器人调用 2 号程序，搬运 2 号物体。当工业机器人两个信号都没有接收到时，调用 3 号程序，返回原点位置。工业机器人的编程如下：

```
IF DI1 = 1 THEN
CALL 1
IF DI2 = 1 THEN
CALL 2
ELSE
CALL3
ENIF
END
```

6. 结束指令（END）

工业机器人程序的最后都有一个 END 语句，表示到达了程序末端，如果工业机器人没有再接收到启动信号，则工业机器人不再运行。在编程时，必须要在最后有 END 指令，否则，程序被判定为不完整，无法运行。

四、工业机器人其他指令

常用的工业机器人指令还有 NEXT、GOSUB、FOR 等，如焊接指令里的 SPOT、GUN-SEA，弧焊指令里的 ARCON、ARCOF、WEAVON 和 WEAVOF 等各种指令。这些指令都是针对特定的工作编制的，用于工业机器人对外部设备的控制与检测。此类工业机器人的指令有很多，功能也更加专业，因此在编程前需了解工业机器人详细指令定义。

　　当工业机器人编程，完成后，应首先手动操作运行所编程序，试验正常后，再低速自动运行程序，之后逐步提高速度，最后全速运行测试，经过反复测试后的正确程序，才可以投入生产运营中。

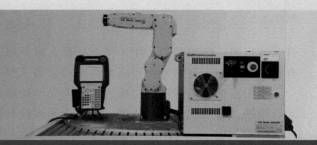

第七单元

工业机器人校准与评价

学习目标

1. 具备工业机器人标定知识，掌握工业机器人参数、轴、坐标系标定方法
2. 掌握工业机器人承载能力、精度、强度和稳定性等性能的试验方法
3. 掌握工业机器人整机和各部件的检查和维修方法

工业机器人在安装初期需要进行性能试验检测，以评价所安装的工业机器人是否符合生产要求。当工业机器人使用到零部件寿命末期时，需要再次对其进行性能试验，以确认其是否达到报废程度。工业机器人属于机械设备中的一种，不同类型、工况的工业机器人的使用寿命也各不相同，为了确认待测的工业机器人是否还满足生产的精度、工艺等方面的要求，需要针对不同的情况对其进行性能试验。

第一节　工业机器人校准

一、标定的概念

1. 标定的含义

工业机器人由零部件组成，在零件制造和工业机器人的装配过程中都不可避免地存在误差，由此引起工业机器人的末端位置误差，使轨迹控制精度难以保证。如常见的六轴工业机器人，由于各个连杆呈串联关系，位于机座上的第一旋转轴的微小误差将在工业机器人末端被高倍放大。另一方面，工业机器人处于不同的位姿时，各机构受力也将引起轨迹控制精度下降。

1）工业机器人的位姿重复度很高，但其精度却较差。如某12kg级的六轴工业机器人，位姿重复度达到0.05mm，但定位误差却可能达到毫米级别。因此，必须对工业机器人进行精确标定。

2）工业机器人根据实际需要安装不同的末端执行器。末端执行器的动作称为TCP（工具中心点）的特征点的运动，因此，需要确定TCP相对于工业机器人机械原点的位姿，即确定末端执行器相对于机械原点的安装位置和方向。

3）工业机器人的作业对象可能放置于另一个不属于工业机器人的设备上，如焊接工作台，为了操作和编程方便，需要在焊接工件上建立用户坐标系。这需要确定用户坐标系相对于工业机器人坐标系的位置和姿态。

4）对于附加的位置传感器，如机器视觉，它感知到的物体的位置，也要变换到工业机器人坐标系中，工业机器人才能驱动末端执行器去操作物体。这需要确定机器视觉的坐标系与工业机器人坐标系的位置关系。

以上位置精度要求，都需通过标定来实现。所谓标定就是运用一定的测量手段和适当的参数识别方法辨识出工业机器人及其相关设备模型的准确参数及相互位置关系，从而提高工业机器人精度的过程。

2. 标定的方法及原理

工业机器人本体标定技术可以划分为三个不同的层次。第一级是关节级，目的是正确确定关节传感器值与实际关节值之间的关系；第二级是标定完整的工业机器人运动学模型，包括描述连杆的几何参数和齿轮或关节柔性的非几何参数；第三级是动力学级，标定不同连杆的惯性特征等。前两级有时被称为静态标定或运动学标定。

根据标定方法不同，运动学标定又可细分为基于运动学模型的参数标定、自标定，基于神经网络的正标定、逆标定。前两种标定方法需要解决的问题是如何选择合适的标定模型来准确反映所标定的实际工业机器人结构，采用何种方法来对误差参数进行精确测量、辨识与补偿。

工业机器人标定过程涉及复杂的运动学计算。为了便于理解，这里先以二关节机械臂为例说明标定的原理。二关节机械臂如图 7-1 所示，由两个关节 J_1、J_2 组成，其中机构参数为两个连杆的长度，分别为 L_1 和 L_2，两个关节的关节角记为 α、β。假定虚线所示位置为机械零位，则在图中位置，TCP 坐标 (x, y) 为

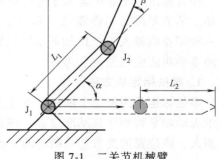

图 7-1　二关节机械臂

$$X = L_1\cos\alpha + L_2\cos(\alpha+\beta)$$
$$Y = L_1\sin\alpha + L_2\sin(\alpha+\beta)$$

显然，在 α、β 一定的情况下，TCP 的位置与连杆长度有关。由于加工误差，实际连杆长度总会与设计值有一定差异。假定连杆长度误差分别为 δ_1、δ_2，则不同姿态时，TCP 位置在 X、Y 方向将有最大的误差 $(\delta_1+\delta_2)$。

工业机器人运行时，TCP 的位置受到机构参数的影响。如果能测量到多个位姿时准确的 TCP 坐标，就可以通过求解方程或者参数辨识的方法，求出真实的机构参数，而无须依赖装配前准确测量机构参数。

特别需要指出的是，对于图 7-1 中所示机械臂，当其运行到 $\alpha = 0$，$\beta = 90°$ 时，TCP 的 Y 坐标就等于第二连杆的长度 L_2。当运行到 $\alpha = 90°$，$\beta = 90°$ 时，TCP 的 X 坐标为 $-L_2$，Y 坐标为 L_1。

这样通过测量特定位姿时 TCP 的坐标就辨识出了工业机器人机构参数。当然，由于选取的测量点太少，这样得出的 L_1、L_2 往往不够准确。

另一方面，在位置的计算中，使用到关节角 α、β。在工业机器人中，每个关节都由其

电动机经减速后驱动，电动机编码器的位置与关节角为增量线性关系，即

$$关节角 = (电动机编码器位置 - 零位电动机位置) \times 减速比$$

其中，零位电动机位置就是关节处于零度位置时的电动机编码器位置。相当于图中虚线所示位置时的电动机编码器位置。工业机器人控制系统直接控制电动机轴位置，而编码器位置直接反应电动机轴位置。如果零位电动机编码器位置不准确，则后续计算得到的关节角就不准确，工业机器人末端的位置也就不准确。当工业机器人装配完成后，应先操作工业机器人关节移动，同时配合用其他工具（对于该示例，可选用水平仪）或者专用于标定的销孔或锥面观察，使工业机器人运行到虚线所示位置，记录下此时电动机编码器位置值，即零位电动机编码器位置，把该数值记录到系统参数中。

为了保证辨识结果的准确性，应测量多个位姿下的坐标。此外，标定过程选用的位姿也影响到标定结果的准确性和标定过程的效率。不同工业机器人的标定会有差异，其差异表现在关节零度位置的设定，标定点的选取，检测是否达到零位的方法以及测量 TCP 坐标的方法等方面。

总之，在工业机器人生产或应用过程中，首先应当通过标定确保零位参数正确。如果对工业机器人的定位精度或者轨迹精度有较高要求，还需要通过标定过程确定准确的机构参数、传动比，才能使工业机器人控制器计算出更精确的位置数据，从而控制工业机器人达到更高的精度。工业机器人本体的标定过程最常见的是工业机器人零位标定和机构参数标定。

二、轴的零位标定

经过标定，工业机器人才能达到更高的位置精度和轨迹精度，以更接近编程设定的动作运动。关节零位又叫作零点、原点等，但实际上没有必要要求基准点的位置为 $0°$。例如，某六轴工业机器人 J_1、J_2 轴的基准位置设在 $0°$ 位置，但 J_3、J_5 的基准位置设在 $90°$ 位置。零位的准确叫法应该是"参考点"。

1. 零位标定的方法

零位标定是为每一个轴标定参考点。需要将工业机器人操作到基准位置，并用辅助工具指示运动轴是否到达其基准位置（例如 $0°$）。这个基准位置称为参考点位置。对于一种工业机器人，该位置的关节角是确定的，如 $0°$ 或 $90°$，但每次达到参考点时，电动机编码器的值可能不同。工业机器人零位标定是最终在系统中记录该编码器值。

操作一个关节使相关的两个部件做相对运动。当关节运动至机械零位时，电子测量工具（EMT）或者千分尺将给出相应的指示。此时，操作控制系统记录相应的编码器位置就完成了该关节的零位标定，如图 7-2 所示。

在工业机器人使用要求精度不高的情况下，也可以借助工业机器人本体外部特殊的标记快速完成粗略的零位标定，缩短标定时间。如图 7-3 所示，操作工业机器人使一个关节相关的两个部件的"ABS"标记对齐后，在

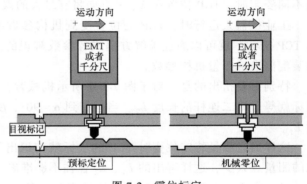

图 7-2 零位标定

控制器中设定该轴零位，即完成快速零位标定，如图7-3所示。

2. 零位标定的场合

工业机器人必须经零位标定后才能使用。在以下情况下必须进行零位标定：

1）在工业机器人初次投入使用时。

2）在对位置检测的部件（如编码器）维护、调整之后。

3）借助外力而非使用控制器移动了工业机器人轴之后。

4）机械修理，更换电动机、减速器、同步带或者传动齿轮后。

5）以高于250mm/s的速度撞击机械限位挡块之后。

6）与其他设备碰撞后。

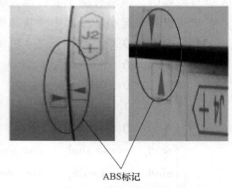

ABS标记

图7-3 快速零位标定

三、工业机器人机构参数标定

工业机器人机构参数标定过程包括运动学建模、拟定测量方案、测量、机构参数辨识和机构参数误差补偿五个阶段。

1. 运动学建模

运动学建模，就是建立关键机构参数与工业机器人末端位置的数学关系式。运动学模型的选择是决定工业机器人轨迹精度和定位精度的关键因素之一。较常见的工业机器人运动学模型是D-H模型，它用连杆长度和连杆扭角两个参数描述一个连杆的几何特征，用关节角和偏置来描述一个关节相关的两个连杆的相对位置关系。

（1）关节模型的D-H参数 关节模型的D-H参数如图7-4所示，具体定义如下：

1）连杆长度 a_n 定义为直线 Z_{n-1} 到直线 Z_n 的距离，沿 X_n 轴指向为正。其实质为公垂线的长度。连杆制造完成后，该参数就完全确定。但由于零件加工存在误差，实际连杆长度与设计值会有微小差异。

2）连杆扭角 α_n 定义为从 Z_{n-1} 旋转到 Z_n 的角度，绕 X_n 轴正向旋转为正。连杆制造完成后，该参数就完全确定。同样也与设计值有微小差异。

3）关节偏移 d_{n+1} 定义为从 X_n 移动到 X_{n+1} 的距离，沿 Z_n 轴指向为正。其实质为

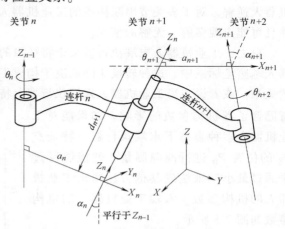

图7-4 关节模型的D-H参数

两条公垂线之间的距离。工业机器人设计阶段确定了关节偏移。真实的关节偏移与连杆的误差以及装配误差有关。

4）关节转角 θ_{n+1} 定义为从 X_n 旋转到 X_{n+1} 的角度，绕 Z_n 轴正向旋转为正。在工业机

器人运行过程中，该参数随工业机器人各关节驱动机构的运动而变化。

在工业机器人运动学分析中，认为连杆长度、连杆扭角、关节偏移均为常数。

（2）坐标变换关系　对于图 7-4 所示的坐标系，存在如下坐标变换关系

$$
{}_{i}^{i-1}\boldsymbol{T} = \begin{pmatrix} 1 & 0 & 0 & 0 \\ 0 & 1 & 0 & 0 \\ 0 & 0 & 1 & d_i \\ 0 & 0 & 0 & 1 \end{pmatrix} \begin{pmatrix} \cos\theta_i & -\sin\theta_i & 0 & 0 \\ \sin\theta_i & \cos\theta_i & 0 & 0 \\ 0 & 0 & 1 & 0 \\ 0 & 0 & 0 & 1 \end{pmatrix} \begin{pmatrix} 1 & 0 & 0 & a_i \\ 0 & 1 & 0 & 0 \\ 0 & 0 & 1 & 0 \\ 0 & 0 & 0 & 1 \end{pmatrix} \begin{pmatrix} 1 & 0 & 0 & 0 \\ 0 & \cos\alpha_i & -\sin\alpha_i & 0 \\ 0 & \sin\alpha_i & \cos\alpha_i & 0 \\ 0 & 0 & 0 & 1 \end{pmatrix}
$$

$$
= \begin{pmatrix} \cos\theta_i & -\cos\alpha_i\sin\theta_i & \sin\alpha_i\sin\theta_i & a_i\cos\theta_i \\ \sin\theta_i & \cos\alpha_i\cos\theta_i & -\sin\alpha_i\cos\theta_i & a_i\sin\theta_i \\ 0 & \sin\alpha_i & \cos\alpha_i & d_i \\ 0 & 0 & 0 & 1 \end{pmatrix}
$$

对于常见的多关节工业机器人，从工业机器人末端到工业机器人底座，存在 6 个这样的变换矩阵，其乘积就是由工业机器人末端到底座的变换矩阵。即

$$
{}_{6}^{0}\boldsymbol{T} = {}_{1}^{0}\boldsymbol{T} \cdot {}_{2}^{1}\boldsymbol{T} \cdot {}_{3}^{2}\boldsymbol{T} \cdot {}_{4}^{3}\boldsymbol{T} \cdot {}_{5}^{4}\boldsymbol{T} \cdot {}_{6}^{5}\boldsymbol{T}
$$

矩阵中含有工业机器人的机构参数，包括固定的参数和运行中可变的关节角。设工业机器人末端执行器上的某个特征点在 J_6 坐标系中的坐标为 P_6，则其在基座坐标系中的坐标为

$$
P_0 = {}_{6}^{0}\boldsymbol{T}P_6
$$

该表达式展开后比较烦琐，这里只对结果应用做出分析。

可见，对固定于工业机器人末端的一点 P_6，在已知工业机器人机构参数的情况下，就能计算得到工业机器人在基座坐标系下的坐标。这个计算过程称为工业机器人正解。另一方面，在工业机器人运行时，有时要求工业机器人末端的点 P_6 运动到基座坐标系中的预定位置 P_0，这时就需要根据 P_6 和目标位置 P_0，求出工业机器人关节角，这个计算过程称为工业机器人逆解。对于多关节串联构成的工业机器人，正解计算比较容易，逆解计算比较烦琐，并且可能出现多解、无解的情况。

总之，工业机器人末端执行器某个特征点的坐标，可以经一定的坐标变换转化到工业机器人基座坐标系中。这种转换矩阵取决于构成工业机器人的各连杆参数及连杆之间的相对位置关系。或者说，当工业机器人末端执行器上特征点在不同关节角时，在基座坐标系中的位置隐含了各机构参数的影响。如果能对工业机器人多种姿态下末端执行器上特征点 P_6 的位置 P_0 进行准确测量，就能够反过来通过最小二乘法或其他方法得出工业机器人的机构参数。六轴工业机器人的机构参数如图 7-5 所示。

2. 测量方法

标定机构参数在实施中存在一个要求，就是准确测量工业机器人末端执行器上的特征点在基座坐标系的坐标。这并不是一件容易的工作，其测量方法可以分为仪器

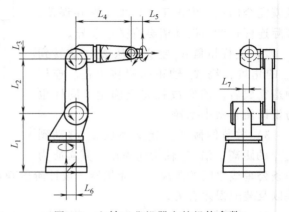

图 7-5　六轴工业机器人的机构参数

测量和人工操作测量两种。

（1）仪器测量　使用专用高价值仪器设备，如激光测量机，直接测量特征点位置。如在工业机器人末端安装靶标，将靶标作为特征点，利用激光跟踪仪跟踪靶标来获取位置。这类测量方法需要昂贵的仪器及其专用软件，获得测量结果后，可以直接求出机构参数。有些软件不但能计算出连杆机构参数，还能计算各关节减速器传动比、多个轴运动存在耦合时的系数。除了激光测量机，双经纬仪测量系统、球杆仪、三坐标测量机也常用于工业机器人标定过程的测量。

（2）人工操作测量　人工操作测量是采用专用的测量辅具，在工业机器人工作范围中取一个（或多个）位置，操作工业机器人使其特征点以不同的姿态运动到同一（或多个）位置，虽然该位置的坐标是未知的，但由于工业机器人以多种姿态达到同一位置，而且各姿态的关节角是已知的，仍然可以求出工业机器人机构参数。这种测量过程需要人工操作并观察、判断工业机器人是否达到同一位置，耗费时间长，测量结果误差较大，但其不必依赖昂贵的专用仪器。该方法具体测量位置的选取也有不同的策略。其结果的处理也要借助专门开发的标定软件。

机构参数标定完毕后，录入工业机器人控制系统，就能据此计算出准确的工业机器人位置，从而提高其轨迹精度和定位精度。

四、工具坐标系的标定

工业机器人在应用中根据需要安装不同的末端执行器。此时，工业机器人位姿控制的目标可以是末端执行器上的某个特征点，而不再是末端安装基准上的固定点。由前述可知，在工业机器人机构参数已确定的情况下，可以对工业机器人末端安装基准的位置实施精确控制。但是，在未确定工具几何形状的情况下，仍然不能直接控制末端执行器上特征点的位置。确定工具坐标系可以采用不同的方法。

1. 标定工具坐标系——图样法

当工具安装基准位置未移动时，因工业机器人姿态差异，工具特征点位置有明显的差异，如图7-6所示。于是在调整末端执行器方向时，将引起特征点位置的移动，使得工业机器人示教作业很不方便。此时，希望能通过示教器操作直接控制工具特征点的位置及工具的方向，而不是控制工业机器人末端执行器的位置和方向。为了达到这个目的，工业机器人在关节坐标系、工业机器人坐标系之外，还提供了工具坐标系。工具坐标系的原点为工具的特征点TCP，工具坐标系的方向需要确定特征点相对于安装基准的相对位置，或者说，以工具特征点为原点的工具坐标系与以安装基准（如以法兰面中心为原点的末端坐标系）之间的位置关系。这里的位置关系包括工具坐标系原点在末端坐标系中的位置，以及工具坐标系各坐标轴相对于末端坐标系坐标轴方向的旋转角度。此位置关系可以根据末端执行器的设计图及其在工业机器人末端的

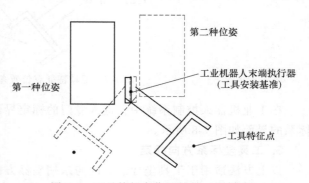

图7-6　工具特征点位置差异（图样法）

安装图直接或经计算后得到。然后在工业机器人工具坐标系界面中，直接输入这些数值，由此确定工具坐标系。

2. 标定工具坐标系——三点法

在生产实践中，末端执行器安装完毕以及使用一段时间后，都可能涉及维修或调整，导致几何尺寸偏离设计值。另外，由于工业机器人末端有数个均匀排列的安装孔，导致末端执行器的安装方向并不唯一。在这种情况下，根据图样直接计算工具坐标系的办法就明显偏离了真实情况。如果方便测量此时工具坐标系的位置，也可以先测量然后直接输入到控制系统中。如果不易测量，就需要采用其他方法标定工具坐标系。

根据运动学建模，工业机器人零位和机构参数标定完成后，工具坐标系原点在基座坐标系中的位置可以由下式完全确定

$$P_0 = {}_6^0 T P_T$$

式中，P_T 为工具坐标系原点，转换矩阵 ${}_6^0 T$ 取决于工业机器人位姿。末端执行器安装完毕后，P_T 具有唯一的值，但具体各分量大小还是未知的。

从上式可知，如果能够测量 P_0，结合此时工业机器人位姿求出的 ${}_6^0 T$，可以求出 P_6。但在工业现场，测量 P_0 往往很困难。在上式中，P_0、P_T 各有三个未知分量，等式中有三个方程式。如果操作工业机器人，使其 TCP 在多种姿态下移动到同一位置 P_0，就可以获得多个方程，此时未知数据仍然是六个，进而可以求解出 P_T。

工业机器人在不同位姿下，TCP 到达了同一位置，如图 7-7 所示。但此时 TCP 并不在末端执行器实体上，可在末端执行器上固定比较尖锐的辅具，使其尖端与 TCP 重合，在标定工具坐标系过程中，尖端就指示了 TCP 位置。当操作工业机器人用三种或多于三种的位姿时，使 TCP 到达同一位置，就可以求解出工具坐标系原点 P_T 的各分量。此方法需要工业机器人以三种（或三种以上）位姿接触同一点。故称其为三点法标定工具坐标系。为了提高求解的 P_T 的精度，希望用于标定的多个位姿差异尽可能大。但要注意，不合理的位姿选取不仅导致求解误差较大，甚至可能无解。

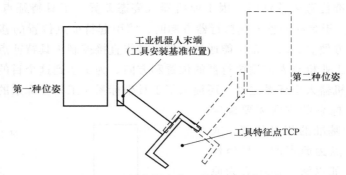

图 7-7　工具特征点位置差异（三点法）

在工业机器人控制系统中，进入专门的标定界面，完成工具坐标系的标定。建立工具坐标系的界面如图 7-8 所示。

3. 工具坐标系方向标定

以上方法适用于工具坐标系方向与末端坐标方向一致的情况，其仅能识别出工具坐标系原点相对于工业机器人末端的偏移，但不能识别出工具坐标系坐标轴方向的变化。识别工具

坐标系坐标轴的方向需在识别工具坐标系原点的基础上继续进行，方法如图7-9所示。

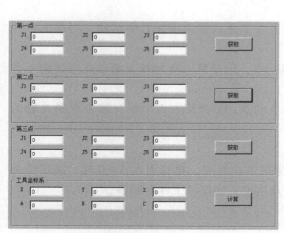

图7-8 建立工具坐标系的界面

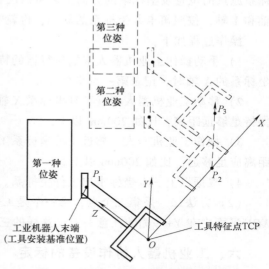

图7-9 识别工具坐标系坐标轴的方向

1）在任意位置先采集一点，设该点为 P_1。

2）操作工业机器人，使其末端沿着工具坐标系的 X 方向移动一段距离至另一点，设该点为 P_2。

3）在工具坐标系平面内，操作工业机器人向工具坐标系 $Y+$ 方向移动，在 XOY 平面中靠 $Y+$ 一侧的半平面中任取一点，设该点为 P_3。

4）根据这三个点，工业机器人控制系统即可求出工具坐标系各轴的方向。

为了提高标定结果的精度，要求 P_1、P_2 两点之间的距离应大于一定值，比如 300mm（和工业机器人机型有关），而且 P_3 点距离 X 轴也应大于一定值。选取更多的标定点有助于减小标定结果的误差。

坐标方向标定过程需要三个点，加上标定工具坐标系原点位置用的三个点，一共有六个点，因此在某些产品中称为六点法标定工具坐标系。至此，可以得出完整的工具坐标系标定结果，具体参数为 (X, Y, Z, A, B, C)，其中前三个分量表示工具坐标系原点的位置，后三个角度分量表示工具坐标系的方向。

五、工件坐标系的标定

对工件坐标系（或称用户坐标系）的标定，目的在于确定工件坐标系的原点在工业机器人坐标系的位置及其坐标轴方向相对于工业机器人坐标系方向的旋转角度。

三维空间中，不在一条直线上的三个点可以确定唯一的坐标系。用三点法确定工件坐标系的两种方法如图7-10所示。

（1）方法一 在工件坐标系的 X 轴上采集两点位姿，在工件坐标

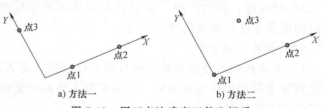

a）方法一　　b）方法二

图7-10 用三点法确定工件坐标系

系的 Y 轴上采集一点位姿，根据这三点的位置就唯一确定了一个工件坐标系，包括工件坐标系原点的位置及坐标轴的方向。之所以没有绘制工件坐标系 Z 轴，是因为确定了原点、X 轴和 Y 轴，按照笛卡儿坐标系的规则，也就唯一确定了 Z 轴。

操作过程如下：

1）手动操作工业机器人末端执行器的特征点在工业机器人坐标系中运动，当靠上工件坐标系的 X 轴时，记录第一点坐标。

2）移动工业机器人靠近工具坐标系 X 轴另一点，记录第二点坐标。第二点应与第一点保持足够远距离，比如 200mm 以上。

3）操作工业机器人，靠近工具坐标系 Y 轴上的点，记录第三点坐标。第三点到 X 轴的距离应足够远，比如 200mm 以上。

4）根据以上三点坐标求出工件坐标系。

（2）方法二　采集三个点，第一个是工件坐标系的原点，第二点在 $X+$ 方向，第三点是 XOY 平面中在 $Y+$ 一侧的任意一点。这样的三个点也唯一确定了工件坐标系。

六、工业机器人协作设备的标定

工业机器人零位标定、机构参数标定、工具坐标系标定和工件坐标系标定是工业机器人最常用的设定调整过程。在实际应用中，工业机器人还将与视觉系统，包括安装在工业机器人末端的视觉镜头以及安装在固定位置的视觉镜头等协作设备，形成协同作业关系。这就需要确定镜头视野坐标系与工业机器人坐标系的位置关系。这个位置关系的标定称为视觉标定。通常各生产厂商提供不同的标定方法。

第二节　工业机器人性能试验

一、工业机器人性能试验的内容

1. 性能试验的条件

在工业机器人试验前，需要对工业机器人的状态进行详细分析，确认其处于可以试验的环境时，才可以测试及试验，以免发生安全生产事故。

（1）安全条件

1）工业机器人必须按照厂家的安全安装方法装配及固定，固定面必须牢固可靠，保证工业机器人在运行时不发生晃动的情况。

2）待试验的工业机器人除了工业机器人自身配置的急停装置，还必须在待测工业机器人周边的防护区域设置安全装置，避免其他人误入试验区。

3）试验前，需对待测工业机器人的状态进行检查，检查内容包括水管、气管、电缆、主电源以及工业机器人的接地情况。

（2）操作人员条件

1）工业机器人性能试验必须有两个以上的专业人员共同作业，有人负责试验操作，有人负责安全及周围环境的监护。性能试验人员必须是经过专业培训，并对工业机器人性能十分了解的专业人员。

2）性能试验人员进行试验前，必须做到安全劳保用品穿戴齐全，安全防护用具使用合理，制订相应的事故应急措施。

（3）环境条件

1）试验环境应按照工业机器人制造商的规定，符合温度、相对湿度、电磁场和大气污染等方面的要求。

2）工业机器人的安装环境必须符合制造商要求，周边无障碍物影响，操作人员留有观察的空间。

2. 工业机器人承载能力试验

不同类型的工业机器人都有其规定的最大负载，而随着工业机器人的使用，机械部件经过磨损后，实际的负载能力将小于其最初的负载能力。因此需要定期测试工业机器人的负载能力。

当工业机器人在额定负载下运行，并且速度设定为100%进行试验时，如果发生了机械异响，或者机械抖动的情况，则判断为工业机器人不能承受当前的负载，需要对其进行详细试验，判定是否仍适合在当前工位工作。

负载试验后，需要对工业机器人工具的安装部位进行检查确认，确认工具的固定螺栓及部件有无机械损坏情况，这也是判断工业机器人负载能力的一个重要环节。

工业机器人经过长期使用后，减速器会有一定的磨损，运动时发生轻微抖动，一旦抖动超过了合理范围，也属于未通过负载试验。工业机器人电气部件老化，如伺服驱动单元老化时，虽然实际负载并未超过工业机器人的额定承载能力，也将导致其在大负载高速度运行时超载报警，这可能是工业机器人未通过负载试验的原因。

3. 工业机器人精度试验

工业机器人的精度是考查工业机器人工作状态最重要的指标之一，也是判断工业机器人是否老化需要报废处理的重要依据。工业机器人的精度主要包括往复运动精度和按指令到达固定位置的精度。

如果工业机器人的精度不足，有可能导致严重的设备故障，在工作中与其他设备发生碰撞造成损坏等。导致工业机器人精度不足的原因主要有以下几个方面：

（1）工业机器人减速器长期使用出现机械磨损　该情况将导致工业机器人的整体定位精度不足。工业机器人的第2轴及第3轴由于负载大，它们的故障率高于其他轴。当减速器出现磨损后，其内部出现间隙，将导致工业机器人在固定位置上偏差过大。待工业机器人停止时，用手动晃动工业机器人本体，可以观察其间隙状态。

（2）工业机器人伺服电动机部件老化　该情况将导致工业机器人精度不足。如伺服电动机的编码器老化，码盘的光盘上有异物，均会导致工业机器人的定位不精确。伺服电动机与减速器之间的机械连杆，经过长期使用也会出现机械间隙，导致伺服电动机的输出与机械臂末端位置不一致。

（3）工业机器人控制柜内部电路板运算不良　数据运算电路板经过长期使用后，发给伺服驱动系统的数据不合理，导致工业机器人实际位置与程序位置发生偏差。

4. 控制柜电路板持续工作强度试验

（1）冷却系统试验　工业机器人控制柜的冷却系统分为工业机器人整机冷却系统和电路板冷却系统，需要分别试验，以确保工业机器人控制柜的环境状态。

1）整机冷却系统的试验。工业机器人整机冷却系统主要分为风扇冷却和工业空调冷却两类。其中风扇冷却是较为常见的冷却方式，主要应用于粉尘多、工业机器人数量多且不易清理的恶劣工作环境中，如汽车生产厂的焊装车间。需要定期对工业机器人的风扇进行检查，包含整机风扇和直接吹电路板的冷却风扇。如果发现风扇不转或者有异响的情况，需要及时更换。由于这一类工业机器人所处环境粉尘较多，还需要定期对工业机器人的控制柜进行清扫，清除冷却风扇上的粉尘。

判断工业机器人整机冷却是否正常的主要方法，是检查工业机器人控制柜外表温度，以温度不高于 70℃ 为标准（环境温度为 35℃ 时）。若控制柜外表温度高于这个值，说明整机冷却系统存在问题，需要检查冷却风扇和通风风道的情况。

空调冷却主要应用于环境良好的工作环境中，例如汽车生产厂的涂装车间。这类环境中空气异物少，但是仍需要定期清洗空调滤网，定期检查工业机器人的整体冷却情况。对于空调冷却的工业机器人控制柜，空调输出温度以设置 30℃ 为宜。当发现整机温度超过 40℃ 时，需要对冷却系统进行检查。

2）电路板冷却系统的试验。试验工业机器人电路板的冷却系统，需要在工业机器人持续运行后，打开工业机器人的控制柜，利用热成像仪进行整体温度检查。电路板的电子元件运行环境以不超过 60℃ 为宜。如果超过这个温度，需要对电路板背部的冷却背板进行检查，检查专用的冷却风扇。

（2）电路板强度试验

1）驱动电路板元件能力试验。伺服驱动系统是工业机器人控制柜内部耗能最大的电子器件。伺服驱动系统既有高压电通过，也有控制电路的低压电通过，因此其中核心部分驱动电路板的稳定性直接影响工业机器人的稳定性。试验驱动电路板的强度时，需要将控制柜门打开，让工业机器人高速、带负载运行。用测温仪持续对驱动电路板的温度进行检测，记录一段时间内温度上升的曲线及最高温度值。温度上升慢，最高温度不高于 60℃ 为试验合格。

2）CPU 电路板及伺服数据运算板能力试验。编写特定的工业机器人运行轨迹，需使每个轴都有动作。用 6 个轴联合的高速动作来考查伺服数据运算板的运算能力。如果发生数据运算错误或者轴位置偏差过大报警，则为试验不合格。

5. 工业机器人机械结构稳定性试验

工业机器人的机械结构主要包括减速器系统、平衡缸、工业机器人附件、工业机器人工具和行走系统等。这些机械传动部件主要由齿轮和轴承组成，有着不同的使用寿命。工业机器人机械结构的稳定性试验是工业机器人管理中一项重要的内容，一旦这些部件因检查不及时在生产中发生故障，就需要长时间的维修作业，将对正常生产造成严重影响。

（1）减速器稳定性试验　工业机器人每个轴都有相互独立的减速器，主要有行星减速器和谐波减速器两种。减速器分为输入端和输出端，正常情况下两端处于同步状态。若减速器内部出现磨损，就会使两端有轻微的不同步，这种不同步将被工业机器人的手臂放大，导致工业机器人运行轨迹不符合预设轨迹。在减速器稳定性试验中，对每个轴设定动作程序，并在单轴快速运行时确定工业机器人是否发生颤动或者异响，其中需要对第 2 轴及第 3 轴进行重点试验。

（2）平衡缸稳定性试验　大型工业机器人会安装平衡缸来对工业机器人第 2 轴及第 3 轴减负，但平衡缸损坏后，反而起反作用，影响工业机器人减速器的寿命。平衡缸主要由缸体和内部弹簧构成，因此对平衡缸试验时，只需要设定 2 轴及 3 轴的动作程序即可。编制好程序后进行高速运行，如果平衡缸运行良好，无异响、无颤抖，则为试验通过。

（3）工业机器人工具　工业机器人工具与工业机器人主要靠螺栓连接，螺栓的紧固性直接影响着工业机器人工具的动作性能。在工业机器人工具固定后，可以设定其在空间各个方面的动作程序，以此检测运行时是否晃动。

（4）行走系统　许多工业机器人安装有行走装置，由伺服电动机驱动，属于工业机器人的一个轴，受工业机器人控制。工业机器人行走系统主要由工业机器人齿轮和轨道上的齿条构成，其稳定性主要取决于齿轮和齿条的间隙。齿轮和齿条的间隙过小会使工业机器人抖动，行走时会产生异响甚至过载报警。齿轮和齿条的间隙过大，会使工业机器人行走时晃动，并且到达指定位置时精度不足。因此，工业机器人行走系统的齿轮和齿条的间隙是工业机器人管理中的重要项目。

工业机器人行走系统的试验可以通过设计行走程序，让工业机器人在两个长距离地点之间快速地来回移动，观察其行走状态。若工业机器人行走时发生异响，或者出现行走颤动的情况，则视为试验不合格。当工业机器人停止以后，来回推动工业机器人，观察其是否能够保持在原位置，如果工业机器人位置精确不晃动则行走系统试验合格。

6．工业机器人内部电缆状态试验

若电缆材料不良、电缆安装不良、电缆长期使用磨损，则工业机器人运行时报警。通过对工业机器人内部电缆的试验可以检测工业机器人是否能够稳定运行。工业机器人内部电缆主要包括编码器电缆、电动机电源电缆、电动机抱闸电缆和外部信号电缆等。这些电缆可以共同使用一套工业机器人程序进行试验。

工业机器人程序轨迹主要包含两个动作试验。一个是第 1 轴的旋转动作，即将工业机器人旋转 360° 来测试内部电缆的磨损情况。另一个是第 2 轴及第 3 轴联动的 Z 方向动作，通过这个动作测试内部电缆拉伸和恢复的情况。通过这两个动作可以判断电缆是否存在内部磨损和插头松动的情况。当工业机器人电缆出现问题时，其在移动过程中就会报警。通过这些程序的反复运行，就可以测试工业机器人内部电缆的状态。

工业机器人电缆的测试还可通过目视确认，查看外露部分有无剐蹭和磨损。工业机器人最常发生的故障之一就是外部电缆在工具附近的磨损。定期对电缆的外部进行检查也是工业机器人管理中的重要项目。

7．工业机器人伺服电动机稳定性试验

工业机器人伺服电动机是驱动工业机器人的重要电气部件，工业机器人是几轴的就有几个伺服电动机。工业机器人伺服电动机通常选用交流同步伺服电动机，其主要优点为：

1）没有电刷和换向器，结构简单，易于维护保养。

2）定子绕组的散热性好，适合长时间运行。

3）转动惯量大，功率范围大，适用于低速平稳的场合。

伺服电动机主要由定子、转子、抱闸和编码器构成。工业机器人的整体精度由伺服电动机来决定，而伺服电动机的精度由编码器来决定，因此，编码器的精度也是工业机器人精度的体现。编码器的构造如图 7-11 所示。

伺服电动机前部驱动部位较稳定，很少发生不良情况。可能发生的主要故障有伺服电动机顶部油封进油、伺服电动机内部进水、抱闸进油导致抱性能不足等。编码器不良属于伺服

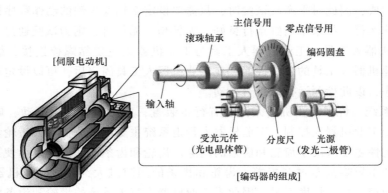

图 7-11 编码器的构造

电动机的频发故障，因此编码器的稳定性与精度决定了工业机器人整体的稳定性和精度。

工业机器人伺服电动机的稳定性可以从电动机长时间运行后的温度方面进行试验。设定固定的程序，运行一定时间后检测各轴电动机的温度，状态正常的电动机升温速度很慢，若温度达到 80℃ 以上，就需要对电动机进行详细检查或者更换。

工业机器人伺服电动机的试验也包括对电动机的外观进行检查，重点检查编码器保护盖的情况，如果发现保护盖有碰撞或者裂缝情况，需要及时处理或更换，避免异物进入编码圆盘，导致编码器报错。

二、工业机器人性能试验的方法

工业机器人性能规范一般是针对工业机器人整机而言。评价工业机器人整机性能的指标有很多，不同用途的工业机器人，其整机配件搭配、结构设计、参数调整有所不同，伺服电动机、减速器、控制系统和机械结构等对工业机器人的整体性能都有很大影响。GB/T 12642—2013《工业机器人性能规范及其试验方法》给出了工业机器人性能指标的界定标准，其中较重要的是重复定位精度、位姿精度、轨迹精度。在实际生产应用中使用者对工业机器人的精度、机械及电气的可靠性、安全性及操作编程方便性更为关注。

1. 精度试验方法

工业机器人的精度由其制造工艺以及内部电气、机械零部件的精度来决定。工业机器人经过多次动作，实际位置会与指定到达位置存在偏差值，这个偏差值的平均值就是工业机器人的精度，单位为 mm。工业机器人的精度偏差值随着机械部件的磨损而加大，当其超过工艺要求的精度范围时，就需要大修或者更换工业机器人了。精度试验方法有记录分析法、在线检测法等。

（1）工业机器人精度试验安全条件

1）做好安全防护方案，确保发生意外时可以紧急停止。

2）工业机器人基座必须固定稳固，当工业机器人高速运行时不能发生晃动。

3）工业机器人工具应安装稳固，高速运行时不得有相对位移。

4）工业机器人测试区符合环境要求，温度为 10~40℃，湿度为 30%~80%。

5）测试需有两个以上人员协同工作，其中一人时刻处于可以按下急停按钮的状态。

（2）记录分析法　使用三坐标检测平台，在工业机器人工具端设置一点为空间待测坐标点。编制工业机器人检测程序，整个检测程序包含 6 个空间坐标点，要求工业机器人的每个轴都有大幅度的运动，即超过其整个运动限位的 80%。工业机器人每到一个空间点，利用三坐标检测设备来测试待测点的实际位置并记录。

工业机器人空载，分别以 30%、50%、80% 和 100% 四个速度运行所编制的检测程序，逐一记录其实际坐标值，将数据填入绘制的统计表格并进行运算分析，从而得出待测工业机器人的当前整体精度。工业机器人精度测试分析样表见表 7-1。

表 7-1　工业机器人精度测试分析样表

序号	速度(%)	基准	偏差值					
			点 1	点 2	点 3	点 4	点 5	点 6
1	30	0						
2	50	0						
3	80	0						
4	100	0						
单次平均值								
整体平均值								

空载测试完成后，依次增加负载分别为 30% 负载、50% 负载、80% 负载和 100% 负载，重复以上测试过程。分别记录工业机器人在不同负载下的重复定位精度。不同负载的偏差值有各自特性，不作平均值处理。

（3）在线检测法　利用三坐标检测设备进行标准化测试的条件要求较高，此外还可以对工业机器人精度进行在线检测，以检查出是工业机器人哪个轴的问题导致整机精度不足。

当工业机器人机械传动系统出现间隙等情况时，将发生工业机器人末端与伺服电动机输出端不一致的精度不足的现象。这类机械磨损导致的精度不足，无法通过目测或者工业机器人轴数据来直接判断，但可以通过做标记的在线检测方法，来确认各个轴的机械磨损情况。以六轴工业机器人为例，在线检测方法的步骤是：

1）操作工业机器人到基准位置，此时各个轴的数据都处于 0 位置。

2）将各个轴贴标签标记，记录每个轴的基准线。

3）编制工业机器人动作程序，使各个轴动作范围都超过自身极限值的 80%。

4）满速运行编制的程序，持续 1h。

5）运行结束时，工业机器人按照程序运行回到基准位置后停止。

6）检查工业机器人各个轴所贴的标签是否一一对齐，若哪个轴的标签未对齐，说明该轴存在机械传动不良的情况，可以进行有针对性的维修保养。

2. 机械部件强度检验方法

要想掌握工业机器人性能及精度的检测方法，首先应了解工业机器人的机械结构，确定影响工业机器人整体精度的因素。工业机器人的机械部件主要包括伺服电动机、减速器、平衡缸、关节轴承、传动连杆和传动齿轮等。根据工业机器人使用情况及使用环境，需要定期对工业机器人机械部件进行强度检验，检验平均周期约为运行 6000h。

（1）伺服电动机的检查与确认　工业机器人伺服电动机与减速器之间主要通过齿轮啮合传动，伺服电动机轴与齿轮之间的连接主要有动力锁（POWER LOCK）联接、键和定位销联接两种方式。

工业机器人大修时，需要将伺服电动机轴与齿轮拆卸，检查 POWER LOCK 的紧固状态，检查螺栓是否断裂，确认键和键槽的磨损情况。这些情况都会影响工业机器人的整体精度。

伺服电动机顶部油封也需要检查，当油封不良时，润滑油会通过油封进入电动机内部，导致其散热不良，会在短时间运行后就达到 80℃ 以上的温度。渗入的润滑油还会进入伺服电动机的抱闸系统，导致抱闸不良，使工业机器人工具由于重力而下沉。

工业机器人整体检修后，需要将各个部位的密封恢复，涂抹标准的、适量的专用密封胶，防止润滑油溢出或者异物进入减速器内部。安装电动机时，需确认齿轮啮合情况。安装固定螺栓时，应对角紧固。

（2）减速器的检查与确认　工业机器人的精确定位离不开精密减速器，减速器将电动机的高速旋转精确地减速到所需要的转速，并得到较大的转矩。目前，工业机器人减速器90% 以上为日本生产，主要有 Nabtesco（纳博特斯克）生产的重型负荷工业机器人 RV 减速器以及 Harmonica（哈默纳科）生产的谐波减速器。减速器是精密的机械传动设备，主要由偏心滚针轴承、各种齿轮组成，一旦缺少润滑油就会出现机械磨损的情况。因此，工业机器人的减速器必须做好定期的润滑保养，一般每 6 个月加油一次，每两年要进行一次换油。工业机器人的 RV 减速器和谐波减速器如图 7-12 所示。

a) RV减速器　　　　　　　　b) 谐波减速器

图 7-12　工业机器人的 RV 减速器和谐波减速器

减速器的常见故障有工业机器人运行时发生异响，工作位置发生偏差；工业机器人在运动时过载报警。减速器故障维修需要相当长的时间。使用时降低工业机器人的运行速度，可以暂时缓解减速器的工作压力，待停产时再对其进行维修或更换。工业机器人出现故障需要停产维修，对生产影响很大，所以要做好预防性的点检、保养及检测，避免工业机器人发生故障。一旦发生故障时，尽量快速修复或更换故障部件。

减速器作为精密机械设备，在一般工况条件下维修难度很大，所以常采用直接更换的办法。更换减速器时一定要做好安全防护工作，尤其是面对大型工业机器人。一旦伺服电动机拆掉之后，缺少了电动机抱闸对工业机器人的位置保持，工业机器人会由于重力作用直接倒下来。因此，拆除减速器前要有防护方案，防止工业机器人倒下伤人。减速器更换作业必须一个一个地依次进行，不能同时更换多个减速器。

更换减速器时要时刻注意，避免异物进入减速器的腔体内部，安装新的减速器前要用酒精对安装部位仔细清洗。用螺栓固定减速器时必须要对角紧固，均匀紧固，切勿一个螺栓拧到底，导致减速器安装不正，严重影响其使用寿命。减速器更换完成后要按照要求加注润滑油，加注量和油品应严格按照工业机器人说明书进行。

减速器更换完成后工业机器人机械位置会随之发生变化，因此要重新进行位置校准，对每个工作位置进行检查，避免发生位置偏差和与周边物体发生碰撞的情况。

（3）平衡缸的检查与确认　平衡缸是大型工业机器人的配置部件，其主要作用是减轻工业机器人第 2 轴及第 3 轴的负载。当工业机器人第 2 轴及第 3 轴离开基准零点时，平衡缸就开始拉伸，给工业机器人一个向基准零点的拉伸力。目前，大多数工业机器人采用弹簧平衡缸，一些重型工业机器人开始采用液压平衡缸。

平衡缸自身不会对工业机器人的整体精度造成直接影响，但是平衡缸的异常及损坏会导致工业机器人第 2 轴及第 3 轴的减速器负载增加，缩短其使用寿命。平衡缸损坏一般难以发现，没有直接故障现象，有时直至减速器或伺服电动机损坏以后才发现平衡缸故障是原因所在，因此，对平衡缸的定期检修是工业机器人管理中的一项重要内容。

平衡缸的损坏主要有万向轴承损坏和内部弹簧损坏两种情况。平衡缸万向轴承损坏时伴随着异响，拆开轴承保护罩就可以直接检查其情况。平衡缸内部弹簧的损坏可以通过拆除平衡缸活动杆侧来检查确认。由于平衡缸内部弹簧固定方式不同，对平衡缸拆卸维修时，一定要研读维修手册，在专业人员指导下进行。在更换平衡缸万向轴承前，必须操作工业机器人至平衡缸完全收回的状态，避免更换时弹簧受力而引发安全事故。

（4）关节轴承、传动连杆、传动轴承的检查与确认　关节轴承、传动连杆、传动轴承这些部件是工业机器人机械结构的重要组成部分，安装在工业机器人本体内部，日常维护难以查看，一般在工业机器人大修或者发生机械故障时才会进行状态确认。这些机械结构属于工业机器人的永固件，短期内不应该发生损坏故障，为了延长这些固件的使用寿命，需要做好加注润滑油及换油保养，在日常生产中对工业机器人的工作状态进行目视化检查，听工业机器人运行时是否存在异响，做好机械结构的预防性检查作业，为工业机器人的稳定运行做好保障。

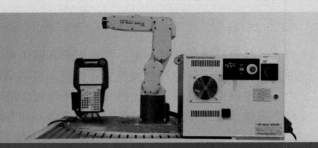

第八单元

安全文明生产及法律法规

学习目标

1. 熟悉并贯彻文明生产的要求
2. 熟悉并贯彻安全生产的法律规定
3. 掌握生产质量管理的方法
4. 熟悉国家相关法律
5. 熟悉相关环境保护要求
6. 能够安全操作工业机器人

第一节　安全文明生产

一、安全文明生产要求

工业机器人活动范围大，手臂动作速度快，有示教操作等特点，具有其他机械设备所没有的危险性，比如有可能因操作失误和受外界干扰发生误动作。为了保证生产中的人身安全，对工业机器人设计有多种安全保护功能，比如紧急停止功能，手动操作工业机器人运行速度不能超过250mm/s，限制运动范围，安全防护装置的连锁功能等，同时要求操作人员严格执行安全文明生产要求。

1. 安全生产及文明生产的含义

（1）安全生产　安全生产是指在生产经营活动中，为了避免造成人员伤害和财产损失的事故而采取相应的事故预防和控制措施，使生产过程在符合规定的条件下进行，保证从业人员的人身安全与健康，设备和设施免受损坏，环境免遭破坏，保证生产经营活动得以顺利进行的相关活动。

（2）文明生产　文明生产是指生产的科学性，创造保证质量的条件，正确协调生产过程中人、物、环境三者之间关系的生产活动，它使企业生产现场管理水平得以提高和改善，从而为企业降低消耗、增加效益、保证质量、提供保障。文明生产条件包括生产节奏均衡，物流路线合理，生产场地要卫生整洁，光线照明适度，零件、半成品、工夹具放置整齐，设备仪器状态良好等。这是企业的质量管理的重要内容。

2. 安全文明生产的原则

（1）"以人为本"的原则　在生产与安全的关系中，安全排在第一位。必须预先分析危险源，预测和评价危险、有害因素，掌握危险出现的规律和变化，采取相应的预防措施，将危险源和安全隐患消灭在萌芽状态。

（2）"谁主管、谁负责"的原则　安全生产要求生产主管者必须是安全生产责任人，要全面履行安全生产责任。各级领导和全体员工必须在抓生产的同时抓好安全工作，生产和安全是一个有机整体，两者不可分割，不可对立。

（3）"安全具有否决权"的原则　安全生产工作是衡量工程项目管理的一项基本内容，要求对各项指标进行考核，评优创先时首先必须考虑安全指标的完成情况。安全指标没有实现，即使其他指标顺利完成，仍无法实现项目的最优化，安全具有一票否决的作用。

（4）"三同时"原则　建设项目中的职业安全、卫生技术和环境保护等措施和设施，必须与主体工程同时设计、同时施工、同时投产使用的法律制度的简称。

（5）"五同时"原则　企业的生产组织及领导者在计划、布置、检查、总结和评比生产工作的同时，计划、布置、检查、总结和评比安全工作。

（6）"四不放过"原则　事故原因未查清不放过，当事人和群众没有受到教育不放过，事故责任人未受到处理不放过，没有制订切实可行的预防措施不放过。"四不放过"原则的支持依据是《国务院关于特大安全事故行政责任追究的规定》。

3. 安全文明生产的要求

（1）安全文明生产的总体要求

1）安全文明生产规章制度健全，有专人负责。

2）生产现场各类设施、设备完好并能有效使用。

3）各类特种设备由持证专人操作。

4）各类通道保持畅通。

5）各类安全警示标志完好醒目。

6）操作工人处于良好的工作状态。

7）生产区域干净整洁，上班员工着装整洁统一，员工个人卫生、进出车间方式、操作符合安全卫生要求。

（2）安全生产的要求

1）日常对各类电器、线路进行检查，保证电器接触良好，无电源、电线、接头裸露；及时拆除临时线路、废弃线路；禁止非专业人员进行电气设备维修作业。

2）有毒有害物品按规定存放；生产所使用的易燃易爆物品应符合安全生产的要求。

3）安全防护、报警、急救器材应完备；配备足够的灭火器具，并放在规定位置，保持处于正常的工作状态。

4）车间内不得堆放与生产无关的材料、杂物；安全出口、紧急出口畅通，无杂物堵塞；各工序通道畅通，梯架台稳固。

5）车间光线保持正常亮度，不能太暗或太强；各类安全警示标志完好醒目。

（3）文明生产的要求

1）车间地面干净整洁，无积水；门窗关闭严密，无积尘、无杂物。

2）设备、管道、工具表面干净，无积尘或其他污染物；各类排水（污）沟通畅，无污物沉积，无堵塞。

3）更衣室、卫生间、更衣（鞋）柜干净整洁，各类卫生设施完好无损。及时清理垃圾桶内垃圾，保证桶内无有害动物集聚孳生。

4）车间员工遵守有关人员卫生要求的规定。

二、安全操作与劳动保护知识

1. 安全教育培训

对企业中的员工经常性的安全教育，是确保安全生产的一项基本工作，安全生产的警钟必须长鸣。工业机器人的安装、调试、维修等操作人员需按规定接受专门的教育培训。使用工业机器人系统的用户应确保其编程、操作、维修人员参加安全培训，并获得胜任该工作的能力。培训场地最好是教室与操作现场的结合。

（1）培训内容

1）安全的基本概念。

2）安全器件的用途及其功能。

3）工业机器人系统运行而形成的各种危险。

4）与特定工业机器人有关的工作任务和用途。

5）专门涉及健康和安全的规程。

（2）培训要求

1）识别与作业有关的危险，包括辅助设备带来的危险。

2）识别安全防护措施。

3）学习适用的安全规程标准和工业机器人制造厂的安全规定。

4）理解所安排的任务的明确含义。

5）掌握用于完成所制订的作业任务的所有控制装置及其功能的识别和说明，如慢速控制、急停操作等。

6）掌握保证安全防护装置和连锁装置功能正常的测试方法。

（3）特种作业人员的培训　特种作业人员是指在生产过程中直接从事对操作者本人或他人及其周围设施的安全有重大危险因素的工作的人员，如大型叉车操作者。

由于特种作业人员劳动生产过程中担负着特殊任务，所承担的风险较大，一旦发生事故，对企业生产、职工生命安全造成较大危害。除上述培训要求外，《中华人民共和国安全生产法（2014 修正）》（以下简称《安全生产法》）第二十七条规定："生产经营单位的特种作业人员必须按照国家有关规定，经专门的安全作业培训，取得相应资格，方可上岗作业。"

（4）再培训的要求　当系统变更，人员变化和事故发生以后，为了确保安全操作，应对相关人员重新进行安全培训。

2. 安全规则

1）为了安全管理，企业务必编制操作流程，并贯彻执行，严格遵守。为操作者提供充分的安全教育和操作指导。

2）为操作者提供充分的操作时间和正确的指导，以便其能正确熟练地生产。

3）操作者穿戴指定的防护用具。穿戴和使用规定的工作服、安全鞋、安全帽及其他保护用具。

4）在设备自动运行时不得进入安全护栏。

5）保持工业机器人本体、控制柜、夹具及周围场所的整洁。

6）禁止无关人员进入工业机器人安装场所。

7）专人保管控制柜钥匙和门互锁装置的安全插销。

8）不得将工业机器人用于指定应用范围之外的其他应用。

9）工作场所的安全预防措施。

10）示教过程的安全预防措施。

11）操作过程的安全预防措施。

12）维护和检查过程中的安全预防措施。

3. 操作者注意事项

（1）打开工业机器人总开关后　必须先检查工业机器人是否在原点位置，如果不在，手动低速操作使工业机器人返到原点，再进行之后的操作。

（2）工业机器人运行中　需要工业机器人停下来时，可以按下暂停按钮，紧急情况时按下急停按钮。

（3）工作结束后　先按下急停按钮，切断伺服电源后再断开电源。

（4）当发生故障或者报警时　把报警代码和内容记录下来，以便解决问题。

4. 禁止不安全操作

（1）禁止以下五种不安全操作

1）处于不安全的位置或不安全的操作姿势。

2）设备有故障，排除前有没有做好防护或提出警示，被人误操作。

3）使用不安全的设备或不安全地使用设备。

4）在不安全的速度下操作。

5）在酒后或疲劳状态下操作。

（2）禁止出现以下六种不安全的状态

1）设备布局不合理，整理工作未做好。

2）不合规格的防护，如防护装置的高度或强度不合适。

3）工作场地、通道狭窄，地面有油污。

4）机器或工具带有安全隐患。

5）缺少所需的保护设施。

6）照明不足或强光刺眼。

5. 劳动保护知识

为了确保安全，除遵守企业安全规章制度外，应首先严格遵守国家有关法律的规定，如《安全生产法》。《安全生产法》是为了加强安全生产工作，防止和减少生产安全事故，保障人民群众生命和财产安全，促进经济社会持续健康发展所制订的规范我国安全生产工作的法律，全面系统地规定了安全生产工作中各方面的关系及其职责。

（1）《安全生产法》的立法特点　《安全生产法》是保障安全生产的基本法律，是人们在安全生产中共同遵守的行为规则。这部法律不仅重要，而且它的立法目的、立法内容决定它有明显的特点，主要体现在：

1）保护的对象是劳动生产人员。

2）具有强制性。这是由于安全生产事关生命、财产的安全。

3）禁止性的规范多。

4）义务的规定多。

5）责任的确定性。

（2）《安全生产法》的主要内容

1）生产经营单位的安全生产保障。

2）从业人员的权利和义务。

3）生产经营单位与从业人员订立的劳动合同，应当载明有关保障从业人员劳动安全、防止职业危害的事项，以及依法为从业人员办理工伤保险的事项。生产经营单位不得以任何形式与从业人员订立协议，免除或者减轻其对从业人员因生产安全事故伤亡依法应承担的责任。

4）生产经营单位的从业人员有权了解其作业场所和工作岗位存在的危险因素、防范措施及事故应急措施，有权对本单位的安全生产工作提出建议。从业人员有权对本单位安全生产工作中存在的问题提出批评、检举、控告；有权拒绝违章指挥和强令冒险作业。从业人员发现直接危及人身安全的紧急情况时，有权停止作业或者在采取可能的应急措施后撤离作业场所。

5）从业人员在作业过程中，应当严格遵守本单位的安全生产规章制度和操作规程，服从管理，正确佩戴和使用劳动防护用品。从业人员应当接受安全生产教育和培训，掌握本职工作所需的安全生产知识，提高安全生产技能，增强事故预防和应急处理能力。

6. 安全用电知识

1）不可用湿手触摸灯头、开关、插头、插座或其他用电器具。开关、插座、用电器具损坏或外壳破损时，应有专业人员及时修理或更换，未经修复不能使用。

2）带有机械传动的电器、电气设备，必须装护盖、防护罩或防护栅栏进行保护才能使用，不能将手或身体其他部位伸入运行中的设备机械传动位置，对设备清洁时，必须确保在切断电源、机械停止工作，并确保安全的情况下才能进行，防止发生人身伤亡事故。

3）当设备内部出现冒烟、拉弧、焦味等不正常现象，应立即切断设备的电源（切不可用水或泡沫灭火器带电灭火），并通知维修人员检修，避免扩大故障范围和发生触电事故。

4）电缆或电线的接口或破损处需用电工胶布包好，不能用医用胶布代替，更不能用尼龙纸或塑料布包扎。不能用电线直接插入插座内用电。

5）发现有人触电，千万不可用手去拉触电者，应尽快拉开电源开关，用绝缘工具剪断电线或用干燥的木棍、竹竿挑开电线，立即用正确的人工呼吸法现场抢救，并拨打"120"急救电话。

6）工厂、车间内的电气设备，不可随便乱动。自用的设备、工具，如果电气部分出现故障，不得私自修理，也不得带故障运行，应立即请电工检修。

7）工厂内的移动式用电器具，如坐地式风扇、手提砂轮机、手电钻等电动工具都必须安装使用剩余电流断路器，实行单机保护。剩余电流断路器需经常检查，每月试跳不少于一次，如果失灵立即更换。熔丝烧断或剩余电流断路器跳闸后应查明原因，排除故障后才可恢复送电。

8）确保电器设备散热良好，不在其周围堆放易燃易爆物品及杂物，防止因散热不良而损坏设备或引起火灾。

9）按操作规程正确地操作电气设备。开启电气设备要先开总开关，后开分开关，先开传动部分的开关，后开进料部分的开关；关闭电气设备要先关闭分开关，后关闭总开关，先停止进料后停止传动。

10）熟悉生产现场主断路器的位置，一旦发生火灾、触电或其他电气事故，应第一时间切断电源，避免造成更大的财产损失和人身伤亡事故。

11）珍惜电力资源，养成安全用电和节约用电的良好习惯，当长时间离开或不使用设备时，需在确保切断电源（特别是电热器具）的情况下才能离开。

三、环境保护

安全文明生产，应确保安全生产、文明生产，还需保护自然环境。在可持续发展的同时实现对环境的保护，为此制订必要的环境保护规章制度，并严格执行。倡导环保行为，确保人类生存环境的健康。

1）工作现场机械设备、车辆尾气排放应符合国家环保排放标准。

2）工作现场垃圾，包括包装箱（盒、纸）和塑料泡沫，应按指定地点堆放。严禁在现场燃烧工业垃圾。

3）工作现场应该按照规定采取预防扬尘、噪声、固体废物和废水等的有效措施。

第二节　法律常识

1）劳动者享有平等就业和选择职业的权利、取得劳动报酬的权利、休息休假的权利、获得劳动安全卫生保护的权利、接受职业技能培训的权利、享受社会保险和福利的权利、提请劳动争议处理的权利以及法律规定的其他劳动权利。劳动者应当完成劳动任务，提高职业技能，执行劳动安全卫生规程，遵守劳动纪律和职业道德。

2）用人单位必须建立、健全劳动安全卫生制度，严格执行国家劳动安全卫生规程和标准，对劳动者进行劳动安全卫生教育，防止劳动过程中的事故，减少职业危害。劳动安全卫生设施必须符合国家规定的标准。新建、改建、扩建工程的劳动安全卫生设施必须与主体工程同时设计、同时施工、同时投入生产和使用。用人单位必须为劳动者提供符合国家规定的劳动安全卫生条件和必要的劳动防护用品，对从事有职业危害作业的劳动者应当定期进行健康检查。

3）从事特种作业的劳动者必须经过专门培训并取得特种作业资格。劳动者在劳动过程中必须严格遵守安全操作规程。

4）用人单位应当建立职业培训制度，按照国家规定提取和使用职业培训经费，根据本单位实际，有计划地对劳动者进行职业培训。从事技术工种的劳动者，上岗前必须经过培训。

第三节　质量管理知识

美国通用电气公司质量经理阿曼德·费根鲍姆对质量管理的定义是"为了能够在最经济的水平上并考虑到充分满足顾客要求的条件下进行市场研究、设计、制造和售后服务,把企业内各部门的研制质量、维持质量和提高质量的活动构成为一体的一种有效的体系"。国际标准 ISO 9000 对质量管理的定义是"在质量方面指挥和控制组织的协调的活动"。可以通俗地理解为,质量管理是指为了实现质量目标,而进行的所有管理性质的活动。

一、质量管理基础知识

1. 质量管理的发展史

自诞生以来,质量管理的发展大致经历了质量检验、统计质量控制、全面质量管理三个阶段。

(1) 质量检验阶段　质量检验所使用的手段是各种检测设备和仪表,方式是严格把关,进行百分之百的检验。

(2) 统计质量控制阶段　这一阶段的特征是数理统计方法与质量管理的结合。

(3) 全面质量管理阶段　全面质量管理是为了能够在最经济的水平上并考虑到充分满足用户要求的条件下进行市场研究、设计、生产和服务,把企业各部门的研制质量、维持质量和提高质量活动构成为一体的有效体系。

2. 企业的质量管理方案

质量是产品、体系或过程的一组固有特性满足相关方要求的程度。质量既要符合规定的要求,又要满足用户的期望。产品质量是产品固有特性满足人们在生产及生活中所需的使用价值及要求的属性,它体现为产品的内在和外观的各种质量指标。工程项目质量是国家现行的有关法律法规、技术标准、设计文件,以及工程合同中对工程的安全、使用、经济和美观等特性的综合要求,体现在决策质量、设计质量、施工质量、竣工质量和保修质量中。

质量管理好坏是企业能否持续生存的关键,企业质量管理成立独立的质量管理部,负责鉴别和保证产品质量,同时负责向总经理报告产品的质量问题,质量管理部有权因产品质量问题而停止生产及禁止出货。企业质量管理岗位包括:

(1) IQC(来料质量控制)　负责来料检验,一旦发现问题及时通知并协助相关部门解决。

(2) SQE(供应商质量管理工程师)　负责供应商的开发、审查及与供应商联系处理质量问题。

(3) OQC(出货质量控制)　负责出货前检验、鉴别及保证产品质量,以满足客户要求。

(4) QE(质量工程师)　负责不良复判、预警发出、改善对策、追踪结案,以及新产品导入,材料、设计、制程变更后的试生产追踪。

(5) DCC(文件管控)　负责公司文件的分发、控制、回收和销毁。

(6) QS(质量体系)　负责质量体系的维护,负责内部审核、客户审核、认证机构审核的相关事务处理;

（7）MPA（过程巡检）　负责巡检生产现场、仓库及各支持单位的产品过程、质量纪律、生产环境等，以确保产品质量，提高良率，建立高效的生产环境，并追踪改善状况。

（8）ORT（可靠性测试）　负责对产品质量做可靠性试验，并向相关单位通报试验结果，可靠度不良及时汇报，并追踪相关单位回复分析及改善报告，确保问题得到及时有效地处理。

3. 企业质量管理的常用方法

（1）全面质量管理（TQM）　是一个组织以质量为中心，以全员参与为基础，目的在于通过让顾客满意和本组织所有成员及社会受益而达到长期成功的管理途径。

（2）六西格玛（6σ）　西格玛（σ）是统计学里的一个单位，表示与平均值的标准偏差。品质管理旨在生产过程中降低产品及流程的缺陷次数，防止产品变异，提升品质。

（3）品质管理（QC）七大手法　旧七大手法包括调查表、分层表、排列表、因果图、直方图、控制图和散布图。"新七大手法"包括系统图、关联图、亲和图、PDPC法、矩阵图、矩阵数据分析法和矢线图。新旧QC七大手法两种品质管理方法相辅相成。新旧QC七大手法的区别见表8-1，应用特点见表8-2。

表 8-1　新旧 QC 七大手法的区别

旧 QC 七大手法	新 QC 七大手法
理性面	感性面
大量的数据资料	大量的语言资料
问题发生后的改善	问题发生前计划、构想

表 8-2　新旧 QC 七大手法的应用特点

序号	方法程序	旧七大手法							新七大手法						
		调查表	分层表	排列表	因果图	直方图	控制图	散布图	系统图	关联图	亲和图	PDPC法	矩阵图	矩阵数据分析法	矢线法
1	选题	●		●	○	○	○				○			△	
2	现状调查	●		●		○	○								
3	目标设定				△	△									
4	原因分析				●				●	●					
5	确定主要原因	○											○	△	
6	确定对策	○	○						△			●	△		○
7	对策实施								△			●	△		○
8	效果检讨	○		○		○	○	○							
9	指定巩固措施	○			△	△									
10	总结及下一步打算														

注：1. ●表示特别有效。

2. ○表示有效。

3. △表示有时采用。

二、现场质量管理

现场质量管理又称制造过程质量管理、生产过程质量管理，是全面质量管理中一种重要的方法。它是从原材料投入到产品形成整个生产现场所进行的质量管理。由于生产现场是影响产品质量的 4M1E（人、机器、材料、方法和环境）诸要素的集中点，是产品形成过程最直接的第一线质量管理，对产品的一致性影响最大、最直接，如果管理不好，一些低级的错误就会导致致命的故障。因此，现场质量管理应坚持对待不良品"三不"的基本原则，即"不接受不良品、不制造不良品、不流出不良品"，确保生产现场生产出稳定和高质量的产品，使企业增加产量，降低消耗，提高经济效益。

1. 现场质量管理的主要内容

1) 建立质量指标控制体系。

2) 加强生产原料及工序在制品质量的管理。

3) 根据生产现场的实际需要设置管理点。

4) 做好生产现场的质量检测工作。

5) 加强现场信息管理。

2. 现场质量管理点的步骤

1) 确定工序管理点，编制工序管理点明细表。

2) 编制工序管理点的有关文件。

3) 对支配性工序要素进行重点特殊管理。

4) 建立控制手段质量管理部门。

5) 建立管理制度。

6) 培训员工，熟悉规定。

7) 创造实施条件。

8) 组织实施。

9) 正式验收，发给标志。

3. 现场质量管理对人员的要求

（1）对操作者的要求

1) 掌握现场质量管理的基本知识，了解现场与工序所用数据记录表、控制图或其他控制手段的用法及作用，会计算数据和打点。

2) 掌握所操作工序管理点的质量要求。

3) 熟记操作规程和检验规程，严格按操作规程（作业指导书）和检验规程（工序质量管理点表）的规定进行操作和检验，以现场操作质量来保证产品质量。

4) 掌握工序管理点的支配性工序要素，对纳入操作规程的支配性工序要素认真执行；对由其他部门或人员负责管理的支配性工序要素进行监督。

5) 填好数据记录表、控制图、操作记录，按规定时间抽样检验、记录数据并计算打点，保持表、图、记录的整洁、清楚、准确，不弄虚作假。

6) 在现场中发现工序质量有异常波动时（点越出控制线或有排列缺陷），应立即分析原因并采取措施。

（2）对检验员的要求

1）应把建立管理点的工序作为检验的重点，除检验产品质量外，还应检验、监督操作工人执行工艺及工序管理点的规定，对违章作业的工人要立即制止，并做好记录。

2）检验员在现场巡回检验时，应检查管理点的质量特性及该特性的支配性工序要素，如果发现问题应帮助操作工人及时找出原因，并帮助采取措施解决。

3）熟悉所负责检验范围现场的质量要求及检测试验方法，并按检验指导书进行检验。

4）熟悉现场质量管理所用的图、表或其他控制手段的用法和作用，并通过抽检来核对操作工人的记录以及控制图点是否正确。

5）做好检查操作工人的自检记录，计算他们的自检准确率，并按月公布和上报。

6）按制度规定参加管理点工序的质量审核。

三、专业术语及名称解释

1. 质量管理专用术语

质量方针（Quality Policy）、质量目标（Quality Objective）、质量体系（Quality System）、质量控制（Quality Control）、质量保证（Quality Assurance）、质量策划（Quality Planning）、质量计划（Quality Plan）。

2. 质量管理体系相关认证

ISO 9000：2005《质量管理体系—基础和术语》、ISO 9001：2008《质量管理体系—要求》、ISO 9004：2009《质量管理体系—业绩改进指南》、ISO 19011：2011《管理体系审核指南》。

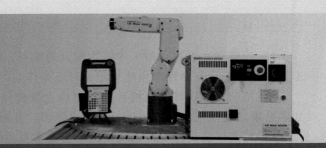

附录

工业机器人常用英语词汇

一、适用范围

本附录常用词汇引用 GB/T 12643—2013《机器人与机器人装备词汇》，定义了在工业和非工业环境下作业的工业机器人与工业机器人装备的相关术语。

二、分类

工业机器人常用英语词汇分为通用术语、机械结构、几何学和运动学、编程和控制、性能、感知与导航等几大类。

三、中英文词汇

(a) 通用术语

autonomy　自主能力

beneficiary　受益者

collaborative operation　协作操作

collaborative robot　协作机器人

commissioning　试运行

control system　控制系统

human-robot interaction　人-机器人交互

industrial robot cell　工业机器人单元

industrial robot line　工业机器人生产线

industrial robot system　工业机器人系统

industrial robot　工业机器人

installation　安装

integration　集成

intelligent robot　智能机器人

manipulator　操作机

mobile robot　移动机器人

multipurpose　多用途

operator　操作员

personal service robot　个人服务机器人

physical alteration　物理变更

professional service robot　专用服务机器人

programmer　编程员

recipient　接受者

reprogrammable　可重复编程

robot cooperation　机器人合作

robot system　机器人系统

robot　机器人

robotic device　机器人装置

robotics　机器人学

service robot　服务机器人

validation　确认

verification　验证

（b）机械结构

actuator　执行机构

AGV　自动导引车

articulated robot　关节机器人

base mounting surface　基座安装面

base　基座

biped robot　双足机器人

Cartesian robot　直角坐标机器人

configuration　构形

crawler robot　履带机器人

cylindrical joint　圆柱关节

cylindrical robot　圆柱坐标机器人

end effector　末端执行器

gripper　夹持器

humanoid robot　仿人机器人

legged robot　足式机器人

link　杆件

machine actuator　机器执行机构

mechanical interface　机械接口

mobile platform　移动平台

parallel link robot　并联机器人

pendular robot　摆动式机器人

polar robot　极坐标机器人

primary axes　主轴

prismatic joint　棱柱关节

rectangular robot　直角坐标机器人

revolute joint　旋转关节

robot actuator　机器人执行机构

robotic arm　机械臂

robotic leg　机械腿

robotic wrist　机械手腕

rotary joint　旋转关节

SCARA robot　SCARA 机器人

secondary axes　副轴

sliding joint　滑动关节

spherical joint　球关节

spherical robot　球坐标机器人

spine robot　脊柱式机器人

tracked robot　履带式机器人

wheeled robot　轮式机器人

（c）几何学和运动学

alignment pose　校准位姿

attained pose　实到位姿

axis　轴

base coordinate system　基坐标系

collaborative workspace　协作工作区

command pose　指令位姿

degree of freedom　自由度

forward kinematics　运动学正解

inverse kinematics　运动学逆解

joint coordinate system　关节坐标系

maximum space　最大空间

mobile platform origin　移动平台原点

operating space　操作空间

operational space　操作空间

path　路径

pose　位姿

programmed pose　编程位姿

restricted space　限定空间

safeguarded space　安全防护空间

singularity　奇点

tool center point　工具中心点

tool coordinate system　工具坐标系

trajectory　轨迹

working space　工作空间

world coordinate system　世界坐标系　　　　wrist origin　手腕原点

wrist center point　手腕中心点　　　　　　wrist reference point　手腕参考点

（d）编程和控制

adaptive control　自适应控制　　　　　　pose-to-pose control　点位控制

automatic mode　自动模式　　　　　　　program verification　程序验证

automatic operation　自动操作　　　　　programming　编程

compliance　柔顺性　　　　　　　　　　protective stop　保护性停止

continuous path control　连续路径控制　　PTP control　PTP 控制

control program　控制程序　　　　　　　reduced speed control　慢速控制

CP control　CP 控制　　　　　　　　　robot language　机器人语言

fly-by point；via point　路径点　　　　　safety-rated　安全等级

joystick　操作杆　　　　　　　　　　　sensory control　传感控制

learning control　学习控制　　　　　　　servo-control　伺服控制

limiting device　限位装置　　　　　　　simultaneous motion　联动

manual mode　手动模式　　　　　　　　single point of control　单点控制

master-slave control　主从控制　　　　　slow speed control　慢速控制

motion planning　运动规划　　　　　　　stop-point　停止点

off-line programming　离线编程　　　　　task program　任务程序

operating mode　工作模式　　　　　　　teach programming　示教编程

operational mode　操作模式　　　　　　teleoperation　遥操作

pendant；teach pendant　示教器　　　　trajectory control　轨迹控制

playback operation　示教再现操作　　　　user interface　用户接口

（e）性能

additional load　附加负载　　　　　　　limiting load　极限负载

additional mass　附件质量　　　　　　　load　负载

cycle time　循环时间　　　　　　　　　maximum force　最大力

cycle　循环　　　　　　　　　　　　　maximum moment　最大力矩

distance accuracy　距离准确度　　　　　maximum thrust　最大推力

distance repeatability　距离重复度　　　maximum torque　最大转矩

drift of pose repeatability 位姿重复性漂移　minimum posing time　最小定位时间

drift pose accuracy　位姿准确度漂移　　path acceleration　路径加速度

individual axis acceleration 单轴加速度　　path accuracy　路径准确度

individual axis velocity　单轴速度　　　path repeatability　路径重复性

individual joint acceleration　单关节加速度　path velocity accuracy　路径速度准确度

individual joint velocity　单关节速度　　path velocity fluctuation　路径速度波动

path velocity repeatability 路径速度重复性

path velocity 路径速度

pose accuracy 位姿准确度

pose overshoot 位姿超调

pose repeatability 位姿重复性

pose stabilization time 位姿稳定时间

rated load 额定负载

resolution 分辨率

standard cycle 标准循环

static compliance 静态柔顺性

unidirectional pose accuracy 单方向位姿准确度

unidirectional pose repeatability 单方向位姿重复性

(f) 感知与导航

dead reckoning 航位（迹）推算法

environment map 环境地图

environment model 环境模型

external state sensor 外部状态传感器

exteroceptive sensor 外感受传感器

internal state sensor 内部状态传感器

landmark 地标

localization 定位

map building 地图构建

map generation 地图生成

mapping 绘制地图

navigation 导航

obstacle 障碍

proprioceptive sensor 本体感受传感器

robot sensor 机器人传感器

sensor fusion 传感器融合

task planning 任务规划

travel surface 行走面